继电保护及自动化安全
一本通

JIDIAN BAOHU JI ZIDONGHUA ANQUAN
YIBENTONG

刘宏新 主编

中国电力出版社
CHINA ELECTRIC POWER PRESS

内 容 提 要

本书以问答的形式，介绍了继电保护及安全自动装置的安全要求和运行注意事项。全书共七章，前六章介绍了继电保护通用安全要求，综合自动化变电站、智能变电站、配电网的继电保护安全，故障信息、在线监控等其他二次设备的安全，直流回路安全；第七章列举了典型的继电保护事故案例。

本书可供电力工程技术人员、检修人员使用。

图书在版编目（CIP）数据

继电保护及自动化安全一本通/刘宏新主编. —北京：中国电力出版社，2017.12
ISBN 978-7-5198-1471-7

Ⅰ. ①继… Ⅱ. ①刘… Ⅲ. ①继电保护–安全技术–问题解答②继电自动装置–安全技术–问题解答 Ⅳ. ①TM77–44

中国版本图书馆 CIP 数据核字（2017）第 291669 号

出版发行：中国电力出版社
地　　址：北京市东城区北京站西街 19 号（邮政编码 100005）
网　　址：http://www.cepp.sgcc.com.cn
责任编辑：王杏芸（010-63412394）　柳　璐
责任校对：郝军燕
装帧设计：赵姗姗　张俊霞
责任印制：杨晓东

印　　刷：北京天宇星印刷厂
版　　次：2017 年 12 月第一版
印　　次：2017 年 12 月北京第一次印刷
开　　本：880 毫米×1230 毫米　32 开本
印　　张：4.375
字　　数：110 千字
印　　数：0001—2500 册
定　　价：24.00 元

编 委 会

前　言

随着国民经济的快速发展，电力在社会发展中起着越来越大的作用，社会生活各方面对电网的安全稳定提出了更高要求。继电保护专业作为电网安全卫士，不断以超前科学技术、先进管理理念为电网可靠安全保驾护航。

本书以实际应用为主线，采用简明问答形式介绍继电保护及安全自动装置的安全要求和运行注意事项。由现场经验丰富的技术专家、能手，在总结电网继电保护及自动装置设备多年运维经验的基础上，综合考虑继电保护运维中多专业知识交互、交叉的特殊性，对涉及继电保护系统安全运行的所有相关知识点、注意点进行提炼总结，具体包含继电保护现场作业安全，安全措施执行，继电保护及安全自动装置配置选型要求，装置及二次回路、二次接地网、直流回路设计安全要求，主网及配电网调试验收、整定计算、运行维护安全要求，二次安全防护要求，故障录波器、网络记录分析仪、远动装置、监控后台等装置安全要求和运行维护注意事项。

本书编委会和编写组由国网山西省电力公司具有丰富管理知识和实践经验的人员组成。本书共七章，第一章第一节由蔡伟伟、程强编写，第一章第二节由蔡伟伟、韩卫恒编写，第二章第一节由蔡伟伟、程强编写，第二章第二节由韩卫恒、程强编写，第三章由韩卫恒、蔡伟伟编写，第四章由孔小栋编写，第五章第一、二节由田程文、张家玮编写，第五章第三、四节由梁小栋、张家玮编写，第五章第五节由田程文、梁小栋编写，第六章由程强、韩卫恒，第七章由程强编写。

本书编写有助于二次人员完整了解变电站内继电保护装置、安全自动装置、辅助装置、二次回路、二次接地网、直流回路、二次网络等各环节安全要求和注意事项，有助于提高专业人员技术水平和运行维护水平。

　　由于编者水平有限，时间仓促，书中的内容难免存在不妥、缺点、错误之处，敬请读者批评指正。

编　者

2017 年 12 月

目　录

2

第一章 通 用 安 全

一、一般作业安全

1.《国家电网公司电力安全工作规程（变电部分）》（简称《安规》）规定电气作业人员应具备哪些基本条件？

答：（1）经医师鉴定，无妨碍工作的病症（身体健康检查每两年至少一次）。

（2）具备必要的电气知识和业务技能，且按工作性质，熟悉《安规》的相关部分内容，并经考试合格。

（3）具备必要的安全生产知识，学会紧急救护法，特别要学会触电急救。

2. 哪些人必须经《安规》教育培训、考试？

答：（1）各类作业人员应接受相应的安全生产教育和岗位技能培训，经考试合格上岗。

（2）作业人员对《安规》应每年考试一次。因故间断电气工作连续 3 个月以上者，应重新学习《安规》，并经考试合格后，方能恢复工作。

（3）新参加电气工作的人员、实习人员和临时参加劳动的人员（管理人员、非全日制用工等），应经过安全知识教育后，方可下现场参加指定的工作，并且不得单独工作。

（4）外单位承担或外来人员参与国家电网公司系统电气工作的工作人员应熟悉《安规》，并经考试合格，经设备运维管理单位认可，方可参加工作。工作前，设备运维管理单应告知现场电气设备接线情况、危险点和安全注意事项。

3. 哪些人员必须遵守《继电保护及电网安全自动装置现场工作保安规定》(简称《保安规定》)?

答：凡是在现场接触到运行的继电保护、安全自动装置及其二次回路的生产运行维护、科研试验、安装调试或其他专业（如仪表等）人员，除必须遵守《安规》外，还必须遵守《保安规定》。

4. 作业现场发现违反《安规》《保安规定》，如何处理?

答：任何人发现有违反《安规》《保安规定》的情况，应立即制止，经纠正后才能恢复作业。各类作业人员有权拒绝违章指挥和强令冒险作业；在发现直接危及人身、电网和设备安全的紧急情况时，有权停止作业或者在采取可能的紧急措施后撤离作业场所，并立即报告。

5. 变电二次作业现场应具备哪些基本条件?

答：（1）作业现场的生产条件和安全设施等应符合有关标准、规范的要求，工作人员的劳动防护用品应合格、齐备。

（2）经常有人工作的场所及施工车辆上宜配备急救箱，存放急救用品，并应指定专人经常检查、补充或更换。

（3）现场使用的安全工器具应合格并符合有关要求。

（4）各类作业人员应被告知其作业现场和工作岗位存在的危险因素、防范措施及事故紧急处理措施。

6. 在电气设备上工作时，保证安全的组织措施有哪些?

答：（1）现场勘察制度。

（2）工作票制度。

（3）工作许可制度。

（4）工作监护制度。

（5）工作间断、转移和终结制度。

7. 在全部停电或部分停电的电气设备上工作时，保证安全的技术措施有哪些?

答：（1）停电。

（2）验电。

（3）接地。

（4）悬挂标示牌和装设遮栏（围栏）。

上述措施由运维人员或有权执行操作的人员执行。

8. 设备不停电时的安全距离是多少？

答：设备不停电时的安全距离见表 1–1。

表 1–1　　　　　　　　设备不停电时的安全距离

电压等级（kV）	安全距离（m）	电压等级（kV）	安全距离（m）
10 及以下（13.8）	0.70	1000	8.70
20、35	1.00	±50 及以下	1.50
66、110	1.50	±400	5.90
220	3.00	±500	6.00
330	4.00	±660	8.40
500	5.00	±800	9.30
750	7.20		

注　1. 表中未列电压等级按高一档电压等级安全距离。

　　2. ±400kV 数据是按海拔 3000m 校正的，海拔 4000m 时安全距离为 6.00m。750kV 数据是按海拔 2000m 校正的，其他等级数据按海拔 1000m 校正。

9. 作业人员工作中正常活动范围与设备带电部分的安全距离是多少？

答：作业人员工作中正常活动范围与设备带电部分的安全距离见表 1–2。

表 1–2　　　　　　作业人员工作中正常活动范围与
设备带电部分的安全距离

电压等级（kV）	安全距离（m）	电压等级（kV）	安全距离（m）
10 及以下（13.8）	0.35	1000	9.50
20、35	0.60	±50 及以下	1.50

电压等级（kV）	安全距离（m）	电压等级（kV）	安全距离（m）
66、110	1.50	±400	6.70
220	3.00	±500	6.80
330	4.00	±660	9.00
500	5.00	±800	10.10
750	8.00		

注　1. 表中未列电压等级按高一档电压等级安全距离。

　　2. ±400kV 数据是按海拔 3000m 校正的，海拔 4000m 时安全距离为 6.80m。

　　3. 750kV 数据是按海拔 2000m 校正的，其他等级数据按海拔 1000m 校正。

10. 什么情况下可以用一张工作票进行几个作业点的作业工作？

答：（1）以下设备同时停、送电，可使用同一张第一种工作票：

1）属于同一电压、位于同一平面场所，工作中不会触及带电导体的几个电气连接部分。

2）一台变压器停电检修，其断路器也配合检修。

3）全站停电。

（2）同一变电站内在几个电气连接部分上依次进行不停电的同一类型的工作，可以使用一张第二种工作票。

（3）在同一变电站内，依次进行的同一类型的带电作业可以使用一张带电作业工作票。

11. 哪些二次系统工作需填用变电站（发电厂）第一种工作票？

答：（1）在高压室遮栏内或与导电部分的距离小于设备不停电时的安全距离进行继电保护、安全自动装置和仪表等及其二次回路的检查试验时，需将高压设备停电者。

（2）在高压设备继电保护、安全自动装置和仪表、自动化监控系统等及其二次回路上工作，需将高压设备停电或做安全措施者。

（3）通信系统同继电保护、安全自动装置等复用通道（包括载波、微波、光纤通道等）的检修、联动试验，需将高压设备停电或做安全措施者。

（4）在经继电保护出口跳闸的发电机组热工保护、水车保护及其相关回路上工作，需将高压设备停电或做安全措施者。

12. 哪些二次系统工作须填用变电站（发电厂）第二种工作票？

答：（1）继电保护装置、安全自动装置、自动化监控系统在运行中改变装置原有定值时，不影响一次设备正常运行的工作。

（2）对于连接电流互感器或电压互感器二次绕组并装在屏柜上的继电保护、安全自动装置上的工作，可以不停用所保护的高压设备或不需做安全措施者。

（3）在继电保护、安全自动装置、自动化监控系统等及其二次回路，以及在通信复用通道设备上检修及试验工作，可以不停用高压设备或不需做安全措施者。

（4）在经继电保护出口的发电机组热工保护、水车保护及其相关回路上工作，可以不停用高压设备的或不需做安全措施者。

13. 检修中哪些情况应填用二次工作安全措施票？

答：（1）在运行设备的二次回路上进行拆、接线工作。

（2）在对检修设备执行隔离措施时，需拆断、短接和恢复与运行设备有联系的二次回路工作。

14. 二次工作安全措施票如何签发、执行？

答：二次工作安全措施票的工作内容及安全措施内容由工作负责人填写，由技术人员或班长审核并签发。

监护人由技术水平较高及有经验的人担任，执行人、恢复人由工作班成员担任,按二次工作安全措施票的顺序进行。

试验工作结束后,按二次工作安全措施票逐项恢复与运行设备有关的接线,拆除临时接线,检查装置内无异物,屏面信号及各种装置状态正常,各相关压板及切换开关位置恢复至工作许可时的状态。二次工作安全措施票应随工作票归档保存 1 年。

上述工作至少由两人进行。

15. 工作许可制度的内容是什么?

答:(1)工作许可人在完成施工现场的安全措施后,还应完成以下手续,工作班方可开始工作。

1)会同工作负责人到现场再次检查所做的安全措施,对具体的设备指明实际的隔离措施,证明检修设备确无电压。

2)对工作负责人指明带电设备的位置和注意事项。

3)和工作负责人在工作票上分别确认、签名。

(2)运维人员不得变更有关检修设备的运行接线方式。工作负责人、工作许可人任何一方不得擅自变更安全措施,工作中如有特殊情况需要变更时,应先取得对方的同意并及时恢复。变更情况及时记录在值班日志内。

(3)变电站(发电厂)第二种工作票可采取电话许可方式,但应录音,并各自做好记录。采取电话许可的工作票,工作所需安全措施可由工作人员自行布置,工作结束后应汇报工作许可人。

16. 工作监护制度的内容是什么?

答:(1)工作许可手续完成后,工作负责人、专责监护人应向工作班成员交代工作内容、人员分工、带电部位和现场安全措施,进行危险点告知,并履行确认手续,工作班方可开始工作。工作负责人、专责监护人应始终在工作现场,对工作班人员的安全认真监护,及时纠正不安全的行为。

(2)所有工作人员(包括工作负责人)不许单独进入、滞留在高压室、阀厅内和室外高压设备区内。若工作需要(如测量极性、回路导通试验、光纤回路检查等），而且现场设备允许时，可以准许工作班中有实际经验的一个人或几人同时在他室进行工作，但工作负责人应在事前将有关安全注意事项予以详尽的告知。

（3）工作负责人、专责监护人应始终在工作现场。工作票签发人或工作负责人，应根据现场的安全条件、施工范围、工作需要等具体情况，增设专责监护人和确定被监护的人员。

专责监护人不得兼做其他工作。专责监护人临时离开时，应通知被监护人员停止工作或离开工作现场，待专责监护人回来后方可恢复工作。若专责监护人必须长时间离开工作现场时，应由工作负责人变更专责监护人，履行变更手续，并告知全体被监护人员。

工作期间，工作负责人若因故暂时离开工作现场时，应指定能胜任的人员临时代替，离开前应将工作现场交代清楚，并告知工作班成员。原工作负责人返回工作现场时，也应履行同样的交接手续。

若工作负责人必须长时间离开工作现场时，应由原工作票签发人变更工作负责人，履行变更手续，并告知全体作业人员及工作许可人。原、现工作负责人应做好必要的交接。

17. 现场工作至少应有几人参加？工作负责人应承担哪些安全责任？

答：现场工作至少应有 2 人参加。工作负责人（监护人）应是具有相关工作经验，熟悉设备情况和本规程，经工区（车间）批准的人员。工作负责人还应熟悉工作班成员的工作能力。

工作负责人应承担的安全责任如下：

（1）正确组织工作。

（2）检查工作票所列安全措施是否正确完备，是否符合现场实际条件，必要时予以补充完善。

（3）工作前，对工作班成员进行工作任务、安全措施、技术措施交底和危险点告知，并确认每个工作班成员都已签名。

（4）严格执行工作票所列安全措施。

（5）监督工作班成员遵守《安规》、正确使用劳动防护用品和安全工器具以及执行现场安全措施。

（6）关注工作班成员身体状况和精神状态是否出现异常迹象，人员变动是否合适。

18. 现场工作前应做哪些准备工作？

答：（1）了解工作地点一、二次设备运行情况，本工作与运行设备有无直接联系（如自投、联切等），与其他班组有无配合的工作。

（2）拟定工作重点项目及准备解决的缺陷和薄弱环节。

（3）工作人员明确分工并熟悉图纸及检验规程等有关资料。

（4）应具备与实际状况一致的图纸、上次检验的记录、最新整定通知单、检验规程，以及合格的仪器仪表、备品备件、工具和连接导线等。

（5）对一些重要设备，特别是复杂保护装置或有联跳回路的保护装置，如母线保护、断路器失灵保护、远方跳闸、远方切机、切负荷等的现场校验工作，应编制经技术负责人审批的试验方案和由工作负责人填写并经技术负责人审批的二次工作安全措施票。

19. 继电保护现场工作开始前，应检查哪些安全措施？

答：现场工作开始前，应检查已做的安全措施是否符合要求，运行设备和检修设备之间的隔离措施是否正确完成，工作时还应仔细核对检修设备名称，严防走错位置。

20. 在现场进行试验时，接线前应注意什么？

答：在进行试验接线前，应了解试验电源的容量和接线方式；配备适当的熔断器，特别要防止总电源熔断器越级熔断；试验用隔离开关必须带罩，禁止从运行设备上直接取得试验电源。在试验接线工作完毕后，必须经第二人检查，方可通电。

21. 现场试验工作结束前应做哪些工作？

答：（1）工作负责人应会同工作人员检查试验记录有无漏试

项目，整定值是否与定值通知单相符，试验结论、数据是否完整正确。经检查无误后，才能拆除试验接线。

（2）复查临时接线是否全部拆除，拆下的线头是否全部接好，图纸是否与实际接线相符，标志是否正确完备等。

22. 现场检验工作结束后应做哪些工作？

答：检验工作结束后，全部设备及回路应恢复到工作开始前状态。清理完现场后，工作负责人应向运维人员详细进行现场交代，并记入继电保护工作记录簿。记录的主要内容有定值的变更情况，二次接线变更情况，已经解决和未解决的问题及缺陷，运行注意事项和设备能否投入运行等。经运维人员检查无误后，双方在继电保护工作记录簿上签字。

23. 在一次设备运行而停用部分保护进行工作时，应特别注意什么？

答：在一次设备运行而停用部分保护进行工作时，应特别注意断开不经连接片的跳、合闸线及与运行设备安全有关的连线。

24. 在全部或部分带电的运行屏（柜）上进行工作时，应注意什么？

答：在全部或部分带电的运行屏（柜）上进行工作时，应将检修设备与运行设备前后以明显的标志隔开。

25. 清扫运行中的二次设备和二次回路时应遵守哪些规定？

答：清扫运行中的二次设备和二次回路时，应认真仔细，并使用绝缘工具（毛刷、吹风设备等工器具做好绝缘措施），特别注意防止振动，防止误碰。

26. 更改二次回路接线时应注意哪些事项？

答：（1）首先修改二次回路接线图，修改后的二次回路接线图必须经过审核，更改拆动前要与原图核对，接线更改后要与新图核对，并及时修改底图，修改运维人员及有关各级继电保护人员用的图纸。

（2）修改后的图纸应及时报送直接管辖调度的继电保护部门。

（3）保护装置二次线变动或更改时，应按经审批后的图纸进行，无用的接线应隔离清楚，防止误拆或产生寄生回路。

（4）在变动直流回路后，应进行相应的传动试验，必要时还应模拟各种故障进行整组试验。

（5）变动电压、电流二次回路后，要用负荷电压、电流检查变动后回路的正确性。

27. 在带电的电流互感器二次回路上工作时应采取哪些安全措施？

答：（1）严禁将电流互感器二次侧开路（光电流互感器除外）。

（2）短路电流互感器二次绕组，必须使用短路片或短路线，严禁用导线缠绕。

（3）在电流互感器与短路端子之间导线上进行任何工作，应有严格的安全措施，并填用"二次工作安全措施票"。必要时申请停用有关保护装置、安全自动装置或自动化监控系统。

（4）工作中禁止将回路的永久接地点断开。

（5）工作时，必须有专人监护，使用绝缘工具，并站在绝缘垫上。

28. 在带电的电压互感器二次回路上工作时应采取哪些安全措施？

答：（1）严格防止短路或接地。应使用绝缘工具，戴手套。必要时，工作前申请停用有关保护装置、安全自动装置或自动化监控系统。

（2）接临时负载，应装有专用的隔离开关和熔断器。

（3）工作时应有专人监护，禁止将回路的安全接地点断开。

29. 电流互感器和电压互感器的二次绕组永久接地点设置几个？为什么？

答：为了保证人身和二次设备安全，所有电流互感器和电压互感器的二次绕组应有一点且仅有一点永久性的、可靠的保护接地。

（1）如果二次回路没有接地点，接在互感器一次侧的高电压，将通过互感器一、二次绕组间的分布电容和二次回路的对地电容形成分压，将高电压引入二次回路，电压大小决定于二次回路对地电容的大小。如果互感器二次回路有了接地点，则二次回路对地电容将为零，从而达到保证人身和二次设备安全的目的。

（2）变电站的接地网并非完全的等电位面，而是在不同点间会出现电位差。当大的接地电流注入地网时，各点间可能有较大的电位差值。如果一个电连通的二次回路在变电站的不同点同时接地，地网上的电位差将窜入这个连通的二次回路，将这个在一次系统并不存在的电压引入继电保护的二次回路中，在二次设备或二次元件中引入极大的额外电压或电流量；两接地点和地所构成的并联回路，会短路继电器线圈，造成不应有的分流，使通过继电器线圈的电流大为减少。这两种原因的综合效果，可能使测量数值不正确，影响继电器正确动作。

30. 二次回路通电或耐压试验前，要通知什么人？注意什么？

答：二次回路通电或耐压试验前，应通知运维人员和有关人员，并派人到现场看守，检查二次回路及一次设备上确无人工作后，方可加压。

试验应注意以下事项：

（1）电压互感器的二次回路通电试验时，为防止由二次侧向一次侧反充电，除应将二次回路断开外，还应取下电压互感器高压熔断器或断开电压互感器一次隔离开关。

（2）直流输电系统单极运行时，禁止对停运极中性区域互感器进行注流或加压试验。

（3）运行极的一组直流滤波器停运检修时，禁止对该组直流滤波器内与直流极保护相关的电流互感器进行注流试验。

31. 保护装置调试的定值依据是什么？要注意什么？

答：保护装置调试的定值，必须依据最新整定值通知单的规定。

调试保护装置定值时，先核对通知单与实际设备是否相符（包括互感器的变比、保护型号、变压器接线组别及容量等），有无审核人签字。根据电话通知整定时，应在正式的运行记录簿上做电话记录，并在收到整定值通知单后，将试验报告与通知单逐条核对。

所有保护及安全自动装置的最后定值试验，必须在保护屏的端子排上通电进行。开始试验时，应先做好原定值试验，如发现与上次试验结果相差较大或与预期结果不符等任何细小问题时，应慎重对待，查找原因。未得出结论，不得草率处理。

32. 在继电保护、安全自动装置及自动化监控系统屏间的通道上搬运或安放试验设备时，应注意什么？

答：在继电保护、安全自动装置及自动化监控系统屏间的通道上搬运或安放试验设备时，不能阻塞通道，要与运行设备保持一定距离，防止事故处理时通道不畅，防止误碰运行设备，造成相关运行设备继电保护误动作。

33. 继电保护、安全自动装置及自动化监控系统做传动试验、一次通电或进行直流系统功能试验时，应注意什么？

答：继电保护、安全自动装置及自动化监控系统做传动试验或一次通电或进行直流系统功能试验时，应通知运维人员和有关人员，并由工作负责人或由他指派专人到现场监视，方可进行。

34. 检验继电保护、安全自动装置、自动化监控系统和仪表的作业人员，是否可操作运行中的设备、信号系统、保护压板等？

答：检验继电保护、安全自动装置、自动化监控系统和仪表的作业人员，不准对运行中的设备、信号系统、保护压板进行操作，但在取得运维人员许可并在检修工作盘两侧开关把手上采取防误操作措施后，可拉合检修断路器（开关）。

35. 作业人员在现场工作中，遇到异常情况（如直流系统接地等）或断路器（开关）跳闸、阀闭锁时，应如何处理？

答：作业人员在现场工作过程中，凡遇到异常情况（如直流系统接地等）或断路器（开关）跳闸、阀闭锁时，不论与本身工作是否有关，应立即停止工作，保持现状，待查明原因，确定与本工作无关时方可继续工作；若异常情况或断路器（开关）跳闸、阀闭锁是本身工作所引起，应保留现场并立即通知运维人员，以便及时处理。

36. 具备什么条件才能确认保护装置已经停用？

答：有明显的断开点（如打开了连接片或接线端子片等）是确认保证装置已经停用的必要条件，但是只能确认在断开点以前的保护已经停用。

如果连接片只控制本保护出口跳闸继电器的线圈回路，则必须断开跳闸触点回路才能确认该保护确已停用。

对于采用单相重合闸，由连接片控制正电源的三相分相跳闸回路，停用时除断开连接片外，尚需断开各分相跳闸回路的输出端子，才能认为该保护已停用。

37. 继电保护现场工作中习惯性违章的主要表现有哪些？

答：继电保护现场工作中习惯性违章有如下四种表现：

（1）不履行工作票手续即进行工作。

（2）不认真履行现场二次工作安全措施票。

（3）监护人不到位或失去监护。

（4）现场标示牌不全，走错屏位（间隔）。

38. 什么是继电保护"三误"？

答：继电保护"三误"是指误碰、误接线、误整定。

误碰是指检修试验过程中对运行保护设备及回路的误碰，误碰可能造成运行中设备误跳闸或回路松动而拒动。

误接线是指没有按拟定的方式接线（如图纸有明显的错误、没有按图纸接线或拆线后没有恢复），包括：电流、电压回路相别、极性错误；忘记恢复断开的电流、电压、直流回路的连线或连接片；直流回路接线错误等。

误整定包含两层意思：定值计算人员在整定计算过程中由于设备参数不正确，整定原则、运行方式选择不合适等原因造成的定值错误；现场工作人员根据保护定值单内容将定值输入保护装置时，由于疏忽大意造成定值区、定值项等与保护定值单要求不一致。

39. 防止继电保护"三误"应遵守哪些原则？

答： 为防止继电保护"三误"事故，凡是在现场接触到运行的继电保护、安全自动装置及二次回路的所有人员，除必须遵守《安规》外，还必须遵守《保安规定》。实践证明，严格执行继电保护现场标准化作业指导书，按照规范化的作业流程及规范化的质量标准，执行规范化的安全措施，完成规范化的工作内容，是防止继电保护人员"三误"事故的有效措施。

40. 如何防止"误碰"？

答： 除认真贯彻上级部门颁发的各项规章制度及反事故措施，并严格执行各项安全措施以外，还应从以下几个方面防止"误碰"：

（1）加强管理，及时编制、修订继电保护运行规程和典型操作票。

（2）完善保护屏上各设备单元的名称编号。运行部门应在保护装置的正背面、端子排、压板、电源开关、各种切换开关等处按规定设置设备的名称编号，防止走错位置。

（3）工作负责人在工作前应核查运维操作人员所做的安全措施是否符合要求。运维人员应在工作的继电保护屏的正、背面设置"在此工作"的标志。如进行工作的继电保护屏上仍有运行设备，则应将运行的装置、端子排、压板等用红布等覆盖，以与检修设备分开。相邻的运行继电保护屏前后应有"运行中"的明显标志（如红布、遮栏等）。工作人员在工作前应看清设备名称与位置，严防走错位置。

（4）运行中的设备，如断路器、隔离开关的操作、信号的复归，均应由运维操作人员进行。在保护工作结束，恢复运行前要用高内阻的电压表检验连接片的两端电压。

（5）在一次设备运行而停用部分保护的工作时，应同时断开所有跳闸回路（包括联跳回路）及启动其他保护的连接片，应特别注意断开不经连接片的跳、合闸线圈与运行设备安全有关的连线，拆下的裸线头应采取措施防止碰擦。

（6）在检验继电保护及二次回路时，凡与其他运行设备二次回路相连的连接片和接线应有明显标记，并按二次工作安全措施票仔细地将有关回路断开或短路，并做好相应的记录。二次工作安全措施票应记录工作前各连接片和空气开关的状态。

（7）在运行中的二次回路上工作时，必须由一人操作，另一人做监护。监护人由技术经验水平较高者担任。

（8）不允许在运行的继电保护屏上钻孔。尽量避免在运行的继电保护屏附近进行钻孔或进行任何有振动的工作，如要进行，则必须采取妥善措施，以防止运行的继电保护误动作。

（9）在继电保护屏间的过道上搬运或安放试验设备时，要注意与运行设备保持一定距离，防止误碰造成继电保护误动。

（10）在现场继电保护带电工作时，必须站在绝缘垫上，戴线手套，使用带绝缘手柄的工具（其外露金属导电部分过长时应包扎绝缘带），以保护人身与设备安全。同时将邻近的带电部分和导体用绝缘器材隔离，防止造成短路或接地。

（11）在清扫运行中的设备和二次回路时，应认真仔细，并使用绝缘工具（毛刷、吹风设备等工器具做好绝缘措施），特别注意防止振动，防止误碰。

41. 如何防止"误接线"？

答：除认真贯彻上级部门颁发的各项规章制度及反事故措施，并严格执行各项安全措施以外，还应从以下几个方面防止"误接线"：

（1）加强管理，在检修工作中必须执行二次工作安全措施票制度，推广标准化作业。

（2）在进行试验接线前，应了解试验电源的容量和接线方式。配备适当的熔丝，特别要防止总电源熔丝越级熔断。试验用隔离开关必须带罩，禁止从运行设备上直接取得试验电源。在进行试验接线工作完毕后，必须经第二人检查，方可通电。

（3）对交流二次电压回路通电时，必须可靠断开至电压互感器二次侧的回路，防止反充电。

（4）在电流互感器二次回路进行短路接线时，应用短路片或导线压接短路。运行中的电流互感器短路后，仍应有可靠的接地点，对短路后失去接地点的接线应有临时接地线，但在一个回路中禁止有两个接地点。

（5）现场工作应按图纸进行，严禁凭记忆作为工作的依据。工作前应核对图纸与现场是否一致，发现图纸与实际接线不符，应查线核对，如有问题，应查明原因，并按正确接线修改更正，然后记录修改理由和日期。

（6）修改二次回路接线时，事先必须经过审核，拆动接线前先要与原图核对，接线修改后要与新图核对，并及时修改底图，修改运维人员及有关各级继电保护人员用的图纸。修改后的图纸应及时报送所直接管辖调度的继电保护机构。保护装置二次线变动或改进时，严防寄生回路存在，没用的线应拆除。在变动直流二次回路后，应进行相应的传动试验。必要时还应模拟各种故障进行整组试验。

（7）应加强对二次图纸管理系统的维护修正，保证二次图纸管理系统图纸准确完备，与现场一致。

（8）保护装置传动或整组试验后不得再在二次回路上进行任何工作，否则应做相应的试验。

（9）带方向性的保护和差动保护新投入运行时，或变动一次设备、改动交流二次回路后，均应用负荷电流和工作电压来检验其电流、电压回路的正确性，并用拉合直流电源来检查接线中有无异常。

42. 如何防止"误整定"?

答: 除认真贯彻上级部门颁发的各项规章制度及反事故措施,并严格执行各项安全措施以外,还应从以下几个方面防止"误整定":

(1)基建施工单位必须及时提供整定计算所需资料(包括设备参数、保护配置、软件版本、电流互感器变比、定值清单等),并负责资料的准确性。

(2)根据有关部门提供的设备参数和运行方式资料,编制继电保护及安全自动装置整定方案。

(3)继电保护整定值通知单应有专人复核,定值单的签发、审核和批准应符合规定。

(4)遇有运行方式较大变化或重要设备变更应及时修订整定方案并全面落实。

(5)根据电网运行方式的变化,每年进行一次整定方案的校核或补充。

(6)认真执行有关继电保护调试定值的管理规定,整定资料齐全。

(7)继电保护定值单的变更,必须认真执行定值通知单制度,每年进行一次整定值的全面核对。

(8)保护装置调试的定值,必须根据最新整定值通知单规定,先核对通知单与实际设备是否相符(包括互感器的接线、变比、软件版本、校验码)及有无审核人签字。根据电话通知整定时,应在正式的运行记录上做相应记录,并核对无误,在收到整定通知单后,将试验报告与通知单逐条核对。

(9)所有保护及安全自动装置的最后定值试验必须在保护屏的端子排上通电进行。开始试验时,应先做原定值试验,如发现与上次试验结果相差较大或与预期结果不符等任何细小疑问时,应慎重对待,查找原因,在得出正确结论前,不得草率处理。保护整组试验结果,应符合控制字的要求。

(10)远方可投退软压板的,应定期检查软压板状态。

43. 在发生人身触电时，应如何处理？

答：在发生人身触电时，可以不经许可，即行断开有关设备的电源，但事后应立即报告调度（或设备运行管理单位）和上级部门。

二、配置选型

1. 为什么电力系统重要设备的继电保护装置应采用双重化配置？

答：重要设备按双重化原则配置保护是现阶段提高继电保护可靠性的关键措施之一，所谓双重化配置不仅仅是应用两套独立的保护装置，而且要求两套保护装置的电源回路、交流信号输入回路、输出回路，直至驱动断路器跳闸，两套继电保护系统完全独立，互不影响，其中任意一套保护系统出现异常，也能保证快速切除故障，并能完成系统所需要的后备保护功能。

实施继电保护双重化配置的目的：一是在一次设备出现故障时，防止因继电保护拒动给设备带来进一步的损坏；二是在保护装置出现故障、异常或检修时，避免因一次设备缺少保护而导致不必要的停运。前者是提高保护的完备性，有效防止设备损害；后者主要是保证设备运行的连续性，提高经济效益。

以单一主设备作为双重化保护的基本配置单元，既能保证保护设备的可依赖性，同时一旦其中一套保护装置发生误动作，其所带来后果影响范围最小。

2. 如何实现继电保护双重化？

答：继电保护双重化目的之一在于当任意一套继电保护装置拒动或任意一组控制回路出现故障时，能由另一套继电保护装置操作另一组控制回路切除故障。

在实际系统中，采取以下方法实现上述要求：

（1）对于 220kV 及以上电力系统的保护，一般采用近后备方式。为应对任意一套继电保护装置的拒动问题，在 220kV 及以上系统中大多采用了快速保护双重化的配置方案，双套保护互为备用。在所有情况下，要求这两套继电保护装置和断路器所取的直流电源都由不同的熔断器供电；交流电流回路取自不同电流互感器二次绕组；交流电压回路尽可能取自不同的电压互感器二次绕组，如不能实现，至少应在户外端子箱处将接至两套主保护电压回路的电缆分开。在继电保护保护装置检修、校验或旁路断路器代路等情况下，至少应保证有一套全线速动保护运行。

（2）为应对断路器拒动的问题，采取以下措施：采用具有双跳闸回路的断路器，其控制电源应取自不同的直流母线段；断路器拒动时，还须启动断路器失灵保护，断开与故障元件母线相连的所有其他连接电源的断路器。有条件时可采用远后备保护方式，即故障元件所对应的继电保护装置断路器拒绝动作时，由电源侧最邻近故障元件的上一级继电保护装置动作切除故障。

（3）对于 110kV 及以下系统，通常采用远后备的方式解决继电保护或断路器的拒动问题。

3. 为什么严禁 220kV 及以上电压等级线路、变压器等设备无快速保护运行？

答：（1）保电网安全方面。电网的稳定裕度与故障切除时间成反比，切除时间越短稳定裕度越大，切除时间越长稳定裕度越小，如果切除时间超出稳定极限，会造成系统失去暂态稳定。因此，加快故障切除是提高系统稳定水平和输电线路输送功率极限的重要措施。220kV 及以上电压等级的设备是输电网的主设备，关乎电网的安全稳定运行，变电站或电厂升压站母线故障对电网的冲击更大，后果更严重，应快速切除故障。因此对这些设备的要求是无快速保护的设备必须停电，不允许继续运行。在安排一次设备的计划检修工作时，原则上要求相应二次设备的检修校验工作同步安排，尽量不单独安排设备主要保护的停电工作。

（2）保设备安全方面。变压器是电力系统的重要组成部分，随着电网的发展，电力系统输送容量不断增加，短路电流越来越大，区内故障如不能快速切除，将造成变压器烧毁，出现重大设备损坏事故，降低供电可靠性，且变压器价格昂贵，更换周期长，会造成重大经济损失。因此，必须设置快速保护。

4. 多断路器接线形式应如何配置电流互感器？

答：对于 3/2、4/3、角形接线等多断路器接线型式，应在断路器两侧均配置电流互感器，且电流互感器二次绕组应合理配置，以消除断路器与电流互感器间的死区，防止死区故障延时切除造成的系统稳定问题。对于已经投运变电站有断路器与电流互感器间死区问题的，经系统稳定核算存在稳定破坏问题的，应逐步进行改造。

5. 500kV 电压等级保护用电流互感器绕组应如何配置才能避免死区？

答：总体原则为当相邻两个元件共用一组断路器时，该两个元件所配保护装置的保护用电流互感器绕组要交叉，即保护范围要交叉。

（1）当电流互感器在断路器两侧配置时，母线差动保护使用断路器线路侧的电流互感器，线路保护使用断路器母线侧的电流互感器，两套保护的保护范围有交叉，两组电流互感器之间任何位置发生故障时，母线差动保护和线路保护均能动作。

（2）当电流互感器在断路器单侧配置时，母差保护使用靠近线路侧的电流互感器绕组，线路保护使用靠近母线侧的电流互感器绕组。单侧配置时，还需要按照被保护设备的重要程度确定电流互感器的位置，母线较线路更为重要，因此需将电流互感器设置在断路器的线路侧，当母线或断路器本身发生故障时，母线差动保护能第一时间动作，隔离故障点。对互感器与断路器之间的故障，靠启动失灵和远方跳闸等措施解决。

6. 主变压器零序过电流与间隙过电流共用一组电流互感器有何危害？

答：两者共用一组电流互感器有如下弊端：

（1）当中性点接地运行时，一旦忘记退出间隙过电流保护，又遇有系统内接地故障,往往造成间隙过电流误动作将本变压器切除。

(2)间隙过电流元件定值很小,但每次接地故障都受到大电流冲击,易造成损坏。

因此要求主变压器零序过电流与间隙过电流所使用的电流互感器独立设置,而且电流互感器独立设置后零序过电流和间隙过电流无需人为进行投、退操作,自动实现中性点接地时投入零序过电流(退出间隙过电流)、中性点不接地时投入间隙过电流(退出零序过电流)的要求,更加安全可靠。

7. 哪些后备措施可以解决保护动作死区?

答:保护动作死区往往是由于电流互感器二次绕组的配置造成的,因此首先应合理分配电流互感器二次绕组尽量消除死区,对确实无法解决的保护动作死区,在满足系统稳定要求的前提下,可采取启动失灵和远方跳闸等后备措施加以解决。电流互感器的安装位置决定了继电保护装置的保护范围,当采用外附电流互感器时,不可避免会存在快速保护的死区。例如当电流互感器装设于断路器的线路侧时,断路器与互感器之间故障,虽然母线差动保护能将断路器断开,但对于线路保护而言属区外故障,故障点会依然存在,此时应通过远方跳闸保护将线路对侧断路器跳开切除故障。电流互感器二次绕组的装配位置同样也决定了继电保护装置的保护范围,选择电流互感器的二次绕组,应考虑保护范围的交叉,避免在互感器内部发生故障时出现死区。

8. 为什么重合闸应按断路器配置?

答:重合闸按断路器配置,比较容易处理 3/2 断路器接线等多断路器主接线变电站中重合闸的要求:故障时必须同时跳开两组断路器,但只应先重合一组断路器,另一组断路器只有在判定先重合闸的断路器重合成功之后再进行重合(为了防止重合到故障时对系统的两次冲击);如果先重合的一组断路器重合失败,另一组断路器应禁止再重合;如果原来是单相跳闸,在先合断路器重合失败的同时，还需要将后合断路器原来保留在运行中的两相一起跳开；为了延长检修周期，尚应依据各断路器故障跳闸次数，轮换先后合闸断路器的顺序等。

即使故障时只需要跳开一组断路器（双母线主接线变电站），如果两套保护装置各配置一套重合闸回路，在实际应用中也不得不在断路器跳闸时由断路器位置不对应回路同时启动两套重合闸。因为是主保护双重化，就必须考虑两套保护装置中有一套可能拒动。两套重合闸的整定值也必须完全一样。

如果 3/2 断路器主接线变电站用双重化主保护又各带专用重合闸，其二次回路接线必然相当复杂，也将给运行维护、现场试验等带来困难，从而影响继电保护的运行安全。

合理的逻辑是重合闸按断路器配置。继电保护装置只应负责保证跳闸的可靠性，即单相故障时给故障相的断路器发单相跳闸命令，多相故障时给断路器发三相跳闸命令。是否实现单相重合闸，在满足什么条件（如检查无电压、检查同期、允许气压等）下允许进行重合闸等，只与所控制的断路器有关。用专用的独立完整的重合闸装置控制被控断路器，可以显著地简化相关二次回路，而且层次分明，连接关系清楚，使运行维护工作更方便，减少在试验和检修工作过程中可能的人员过失。

9. 哪些情况下闭锁重合闸？

答：（1）有外部闭锁重合闸的输入（如手动跳闸、母线差动保护动作、失灵保护动作、变压器保护、远方跳闸、断路器压力低等）。

（2）有软压板或控制字控制的某些闭锁重合闸条件出现时，如相间距离Ⅲ段、接地距离Ⅲ段、零序电流Ⅲ段、选相无效、多相故障等均可由控制字控制是否闭锁重合闸，如果控制字投 1，则出现上述情况的同时三跳闭锁重合闸。

（3）重合闸停用时跳闸。

（4）使用单相重合闸方式而保护三相跳闸时。

（5）重合于永久性故障又跳闸。

（6）闭锁重合闸三相跳闸投入时。

10. 为什么变压器差动保护不能完全代替瓦斯保护？

答：变压器瓦斯保护分为轻瓦斯和重瓦斯两种，用于反应变压器内部故障。轻瓦斯保护的气体继电器由开口杯、干簧触点等组成，作用于信号。重瓦斯保护的气体继电器由挡板、弹簧、干簧触点等组成，作用于跳闸。瓦斯保护能反应变压器油箱内的任何故障，包括铁芯过热烧伤、油面降低等，但差动保护对此类故障则无反应。又如变压器绕组发生少数线匝的匝间短路，虽然短路匝内短路电流很大会造成局部绕组严重过热产生强烈的油流向储油柜方向冲击，但表现在相电流上其量值却并不大，差动保护可能会不如瓦斯保护灵敏，因此，差动保护不能完全代替瓦斯保护。

11. 为什么变压器非电量保护和电气量保护的出口继电器要分开设置？

答：变压器的电气量保护依靠电气量作为故障特征，在动作后一旦故障被切除，均能很快返回；而非电气量保护，如瓦斯保护、温度保护等，则是依靠变压器内部的气体或变压器的温升作为故障特征量，一旦动作后返回很慢，通常需要人为释放气体后或温度下降后才能可靠返回。如果变压器的非电气量保护与电气量保护共用同一出口继电器且均启动失灵保护，则失灵保护存在误动风险。因此应将变压器非电气量保护和电气量保护的出口继电器分开设置，非电气量保护及动作后不能随故障消失而立即返回的保护（只能靠手动复位或延时返回）不应启动失灵保护。

12. 什么是变压器的过励磁能力？

答：变压器的过励磁能力是指变压器耐受系统过电压或系统低频的能力，不同变压器的过励磁能力不同，每台变压器出厂文件都包含有描述该变压器过励磁能力的特性曲线。

13. 如何布置继电保护设备的端子排以提高安全性?

答:继电保护及相关设备的端子排,宜按照功能进行分区、分段布置,正、负电源之间、跳(合)闸引出线之间以及跳(合)闸引出线与正电源之间、交流电源与直流回路之间等应至少采用一个空端子隔开。为提高保护装置的动作速度,在微机保护装置中,大多数采用了动作速度较快的出口继电器。当站用直流系统中窜入交流信号时,将会影响保护装置的动作行为,特别是对于直接采用站用直流作为动作电源,经长电缆直接驱动的出口继电器,更容易误动作。由于交流窜入直流回路而造成误动的事故屡有发生。对继电保护设备端子排进行合理优化的布置,是提高继电保护可靠性的有效措施。

14. 对跳闸连接片的安装有什么要求?

答:(1)跳闸连接片的开口端应装在上方,接到断路器的跳闸线圈回路。

(2)跳闸连接片在落下过程中必须和相邻跳闸连接片有足够的距离,以保证在操作跳闸连接片时不会碰到相邻的跳闸连接片。

(3)检查并确证跳闸连接片在拧紧螺栓后能可靠地接通回路。

(4)穿过保护屏的跳闸连接片导电杆必须有绝缘套,并距屏孔有明显距离。

(5)检查跳闸连接片在拧紧后不会接地。

不符合上述要求的需立即处理或更换。

15. 如何选择保护装置直流空气开关或熔断器?

答:空气开关或熔断器的选择应符合下列规定:

(1)额定电压应大于或等于回路的最高工作电压。

(2)额定电流应大于回路的最大工作电流。

(3)断流能力应满足安装地点直流电源系统最大预期短路电流的要求。

(4)直流开关应选择直流空气开关,其应具有瞬时电流速断和反时限过电流保护，当不满足选择性保护配合时，可增加短延时电流速断保护。

（5）各级直流空气开关的保护动作电流和动作时间应满足上、下级选择性配合要求（干线较支线大 2～4 级的要求），且应有足够的灵敏系数。

（6）当采用短路短延时保护时，直流空气开关额定短时耐受电流应大于装设地点最大短路电流。

16. 如何选择电压互感器的二次回路空气开关或熔断器?

答：（1）电压互感器二次回路空气开关或熔断器配置原则如下：

1）在电压互感器二次回路的出口，应装设总空气开关或熔断器用以切除二次回路的短路故障。自动调节励磁装置及强行励磁用的电压互感器的二次侧不得装设空气开关或熔断器，因为空气开关或熔断器断开会使它们拒动或误动。

2）若电压互感器二次回路发生故障，由于延迟切断二次回路故障时间可能使保护装置和自动装置发生误动作或拒动，因此应装设监视电压回路完好的装置。宜采用空气开关作为短路保护，并利用其辅助触点发出信号。

3）在正常运行时，电压互感器二次开口三角辅助绕组两端无电压，不能监视空气开关或熔断器是否断开；且空气开关或熔断器断开时，若系统发生接地，保护会拒绝动作。因此，开口三角绕组出口不应装设空气开关或熔断器。

4）接至仪表及变送器的电压互感器二次电压分支回路应装设空气开关或熔断器。

5）电压互感器中性点引出线上，一般不装设空气开关或熔断器。采用 B 相接地时，其空气开关或熔断器应装设在电压互感器 B 相的二次绕组引出端与接地点之间。

（2）电压互感器二次回路空气开关或熔断器选择原则如下：

1）空气开关或熔断器必须满足在二次电压回路内发生短路时，其跳闸时间或熔丝熔断的时间小于保护装置的动作时间。

2）空气开关或熔断器的容量应满足在最大负荷时不跳闸或熔断，即：① 空气开关或熔断器的额定电流应大于最大负荷电流；② 当电压互感器二次侧短路时，不会引起保护误动作。

17. 为什么发电厂的辅机设备及其电源在外部故障时，应具有一定的抵御事故能力？

答：发电厂辅机设备运行的稳定性、可靠性直接影响发电机组的安全稳定运行。一旦这些关键辅机设备出现变频器问题而非正常停机，会造成发电机组负荷大幅下降，甚至造成锅炉灭火、停机事故。外部系统发生故障时，要求发电厂关键辅机设备对外部故障引起的电压、电流异常具备一定的承受能力，并保证发电机组持续运行。

18. 200MW 及以上容量发电机–变压器组应配置专用故障录波器的原因是什么？

答：（1）发电机–变压器组配置的保护种类较多，其正确动作率是一个长期影响大机组安全运行的重要问题，同时，造成保护动作的原因也是多方面的。为全面发现发电机组在事故或异常情况下运行工况，200MW 及以上容量发电机–变压器组应配置专用故障录波器，以便对应分析机组在发生故障或出现异常时的运行状况及保护动作行为，为快速准确分析事故原因提供可靠依据。

（2）采用性能优良的大机组专用故障录波器，可以将记录的故障数据（标准 COMTRAD 文件）传送到故障仿真设备上，从而实现故障再现，为查找原因提供帮助。

第二章　综合自动化变电站继电保护

一、二次设备及回路

1. 变电站为什么要敷设等电位接地网？如何敷设？

答：变电站敷设等电位接地网的主要目的是二次回路抗干扰。变电站是一个空间电磁干扰很强的场所，特别是在系统发生短路故障时更为明显；尤其对于常规变电站，大量使用电缆构成二次回路，强电磁环境给保护工作带来了很大的困难，由电磁干扰侵入二次回路造成保护装置误动的事故屡有发生。通过实验和理论研究表明，通过二次回路侵入保护装置的干扰源中，空间磁场干扰占相当大比例。目前所采取的抗干扰措施主要有三类：降低干扰源的强度；抑制干扰信号的侵入；提高保护装置自身抵御干扰的能力。在变电站敷设等电位接地网，就是通过抑制干扰信号从二次回路侵入，从而提高抗干扰能力。

变电站等电位接地网的敷设原则如下：

（1）为抑制空间电磁干扰通过耦合的方式侵入保护装置，与继电保护相关的二次电缆应采用屏蔽电缆，屏蔽层原则上应在电缆两端接地。

（2）为防止由于一次系统接地电流经屏蔽层入地而烧毁二次电缆，由变压器、断路器、隔离开关和电流互感器、电压互感器等设备至开关场就地端子箱之间，二次电缆经金属管引至电缆沟，利用金属管作为抗干扰的防护措施，二次电缆的屏蔽层应仅在就地端子箱处单端接地。保护柜（屏）、开关场就地端子箱内均应装设专用的接地铜排，铜排应分别与保护室内的等电位地网或沿电缆沟敷设的 100mm^2 保护专用铜缆可靠相连，保护装置的接地端子、二次电缆的屏蔽层均通过接地铜排接地。

（3）在主控室、保护室柜（屏）下层的电缆室（或电缆沟道）中敷设等电位接地网，目的在于构建一个等电位面，所有保护装置的参考电位都设置在同一个等电位面上，可有效减少由于参考电位差异所带来的干扰。

（4）为保证等电位接地网的可靠连接，减小接地网任意两点之间的阻抗，电缆夹层（室内电缆沟）中沿柜屏布置的方向敷设的 $100mm^2$ 专用铜排，应首尾相连构成"目"字形的封闭框为保证"等电位"，保护室内的等电位接地网与厂、站的主接地网只能存在唯一连接点。连接点位置宜选择在电缆竖井处，室内等电位接地网与敷设在电缆沟内 $100mm^2$ 保护专用铜缆的连接点也应与室内等电位接地网的接地点设同一位置。

（5）沿电缆沟敷设的 $100mm^2$ 保护专用铜缆可在地电位差较大时起分流作用，防止因较大电流流经屏蔽层而烧毁电缆；同时，该铜缆可减小两点之间的电位差，并能对与其并排敷设的电缆起到对空间磁场的屏蔽作用。

（6）保护柜（屏）、就地端子箱的外壳均应可靠与主接地网相连。

2. 在保护柜设置铜排的作用是什么？

答：保护柜内设置两根铜排：一根安全地，直接接地；另一根在屏内不直接接地，通过 $50mm^2$ 铜电缆接室内等电位地网。当全站所有保护均采用开关量信号或光纤与其他保护装置、站内二次设备交互信息，且保护装置只引出安全地，对装置内部或外部信号参考点没有独立接地要求时，两根铜排基本无差异。当保护装置采用低电平信号与其他二次设备交互信息，或二次设备对参考电位有特殊要求时，应注意区分。

3. 在装设接地铜排时是否必须将保护屏对地绝缘？为什么？

答：没有必要将保护屏对地绝缘。虽然保护屏骑在槽钢上，槽钢上又置有连通的铜网，但铜网与槽钢等的接触只不过是点接触，即使接触的地网两点间有外部传来的地电位差，但这个电位差只能通过两个接触电源和两点间的铜排电源才能形成回路，而铜排电源值远小于接触电源值，因而在铜排两点间不可能产生有影响的电位差。

4. 哪些回路必须使用独立的电缆？

答：强电和弱电回路、交流和直流回路、电流和电压回路、不同交流电压回路，以及来自电压互感器二次绕组 4 根引入线和电压互感器开口三角绕组的 2 根引入线，均应使用各自独立的电缆。

在系统发生短路故障时，发电厂、变电站内空间电磁干扰明显，大部分干扰信号是通过二次回路侵入保护装置。为减小对同一电缆内其他芯线的干扰，交流电流和交流电压应安排在各自独立的电缆内；交流信号的相线与中性线应安排在同一电缆内；来自同一电压互感器的三次绕组的所有回路应安排在同一电缆内；直流回路应安排在同一电缆内；直流回路的正极与负极应尽量安排在同一电缆内；强电回路和弱电回路应分别安排在各自独立的电缆内。

5. 直接接入微机继电保护装置的二次电缆应使用哪种电缆？

答：为抑制空间电磁干扰通过耦合的方式侵入保护装置，直接接入微机型继电保护装置的所有二次电缆均应使用屏蔽电缆，电缆屏蔽层应在电缆两端可靠接地。严禁使用电缆内的空线替代屏蔽层接地。

6. 为什么接入继电保护装置的二次电缆屏蔽层应在两端接地？

答：（1）当控制电缆被母线暂态电流产生的磁通所包围时，在电缆的屏蔽层中将感应出屏蔽电流，由屏蔽电流产生的磁通，将抵消母线暂态电流产生的磁通对电缆芯线的影响，因此控制电缆要进行屏蔽。

（2）为保证设备和人身的安全，避免一次电压的窜入，同时减少干扰在二次电缆上的电压降，屏蔽层必须保证有接地点。

（3）屏蔽层两端接地，可以降低由于地电位升产生的暂态感应电压。当雷电经避雷器注入地网，使变电站地网中的冲击电流增大时，将产生暂态的电位波动，同时地网的视在接地电阻也将暂时升高。当控制电缆在上述地电位升的附近敷设时，电缆电位将随地电位而波动。当屏蔽层只有一点接地时，在非接地端的导线对地将可能出现很高的暂态电压。实验证明：采用两端接地的屏蔽电缆，可以将暂态感应电压抑制为原值的 10％以下，是降低干扰电压的一种有效措施。

7. 为什么不允许用电缆芯线两端接地的方式替代电缆屏蔽层的两端接地？

答：电缆屏蔽层在开关场及控制室两端接地可以抵御空间电磁干扰的原理是：当电缆被干扰源电流产生的磁通所包围时，如屏蔽层两端接地，则可在电缆的屏蔽层中感应出电流，屏蔽层中感应电流所产生的磁通与干扰源电流产生的磁通方向相反，从而可以抵消干扰源磁通对电缆芯线上的影响。由于发生接地故障时开关场各处地电位不等，则两端接地的备用电缆芯会流过电流，对不对称排列的工作电缆芯会感应出不同的电动势，从而对保护装置形成干扰。因此，不允许用电缆芯线两端接地的方式代替电缆屏蔽层两端接地。

8. 为什么双母线接线形式变电站的电压互感器二次回路不能在开关场就地接地？

答：当一次系统发生接地故障时，故障电流中的零序分量是由故障点经地网流入变压器中性点的，此电流必然会在接于地网的两个电压互感器中性点 O、O′之间产生电位差，如果电压互感器二次的中性线接于开关场就地，两组电压互感器二次中性线以及控制室内的 N600 小母线必然跨过此电压，并流过由此电压而产生的电流。因此，电压互感器二次回路不能在开关场就地接地。

9. 如何设置继电保护装置试验回路的接地点？

答：在向装置通入交流工频试验电源前，必须首先将装置交流回路的接地点断开，除试验电源本身允许有一个接地点之外，在整个试验回路中不允许有第二个接地点，当测试仪表的测试端子必须有接地点时，这些接地点应接于同一接地点上。规定有接地端的测试仪表，在现场进行检验时，不允许直接接到直流电源回路中，以防止发生直流电源接地的现象。

10. 电流互感器在运行中为什么要严防二次侧开路？

答：电流互感器在正常运行时，二次电流产生的磁通势对一次电流产生的磁通势起去磁作用，励磁电流甚小，铁芯中的总磁通很小，二次绕组的感应电动势不超过几十伏。如果二次侧开路，二次电流的去磁作用消失，其一次电流完全变为励磁电流，引起铁芯内磁通剧增，铁芯处于高度饱和状态，加之二次绕组的匝数很多，根据电磁感应定律 $E=4.44fNBS$，就会在二次绕组两端产生很高（甚至可达数千伏）的电压，不但可能损坏二次绕组的绝缘，而且将严重危及人身安全。再者，由于磁感应强度剧增，使铁芯损耗增大，严重发热，甚至烧坏绝缘。因此，电流互感器是绝对不允许二次侧开路的。电流互感器的二次回路中不能装设熔断器；二次回路一般不进行切换，若需要切换时，应有防止开路的可靠措施。

11. 电压互感器在运行中为什么要严防二次侧短路？

答：电压互感器是一个内阻极小的电压源，正常运行时负载阻抗很大，相当于开路状态，二次侧仅有很小的负载电流。当二次侧短路时，负载阻抗为零，将产生很大的短路电流，会将电压互感器烧坏。因此，电压互感器要严防二次侧短路。

12. 什么是电压互感器反充电？

答：通过电压互感器二次侧向不带电的母线充电称为反充电。如 220kV 电压互感器，变比为 2200/1，停电的一次母线未接地时，其阻抗（包括母线电容及绝缘电阻）最大，假定为 $1M\Omega$，但从电压互感器二次侧看到的阻抗只有 $1\,000\,000/(2200)^2 \approx 0.2$（Ω），近乎短路，故反充电电流较大（反充电电流主要决定于电缆电阻及两个电压互感器的漏抗），将造成运行中电压互感器二次侧断路器跳开或熔断器熔断，使运行中的保护装置失去电压，可能造成保护装置的误动或拒动。

13. 对保护二次回路电压切换有哪些反事故措施要求？

答：（1）用隔离开关辅助触点控制的电压切换继电器，应有一对电压切换继电器触点作监视用；不得在运行中维修隔离开关辅助触点。

（2）检查并保证在切换过程中，不会产生电压互感器二次反充电。

（3）手动进行电压切换的，应有专用的运行规程，并由运维人员执行。

（4）用隔离开关辅助触点控制的切换继电器，应同时控制可能误动作的保护的正电源，有处理切换继电器同时动作与同时不动作等异常情况的专用运行规程。

14. 断路器控制回路有哪些基本要求？

答：（1）应有对控制电源的监视回路。断路器的控制电源最为重要，一旦失去电源断路器便无法操作。因此，无论何种原因，当断路器控制电源消失时，应发出声、光信号，提示值班人员及时处理。对于遥控变电站，断路器控制电源的消失，应发出遥信。

（2）应经常监视断路器跳闸、合闸回路的完好性。当跳闸或合闸回路故障时，应发出断路器控制回路断线信号。

（3）应有防止断路器"跳跃"的电气闭锁装置，发生"跳跃"对断路器是非常危险的，容易引起机构损伤，甚至引起断路器的爆炸，故必须采取闭锁措施。断路器的"跳跃"现象一般是在跳闸合闸回路同时接通时才发生。"防跳"回路的设计应使得断路器出现"跳跃"时，将断路器闭锁到跳闸位置。

（4）跳闸、合闸命令应保持足够长的时间，并且当跳闸或合闸完成后，命令脉冲应能自动解除。因断路器的机构动作需要有一定的时间，跳、合闸时主触头到达规定位置也要有一定的行程，这些加起来就是断路器的固有动作时间以及灭弧时间。命令保持足够长的时间就是保障断路器能可靠的跳闸、合闸。为了加快断路器的动作，增加跳、合闸线圈中电流的增长速度，要尽可能减小跳、合闸线圈的电感量。因此，跳、合闸线圈都是按短时带电设计的。跳合闸操作完成后，必须自动断开跳合闸回路，否则，跳闸或合闸线圈会烧坏。通常由断路器的辅助触点自动断开跳合闸回路。

（5）对于断路器的合闸、跳闸状态，应有明显的位置信号。故障自动跳闸、自动合闸时，应有明显的动作信号。

（6）断路器的操作动力消失或不足时，例如弹簧机构的弹簧未拉紧、液压机构的压力降低等，应闭锁断路器的动作，并发出信号。

（7）SF_6 气体绝缘的断路器，当 SF_6 气体压力降低而断路器不能可靠运行时，闭锁断路器动作并发出信号。

（8）在满足上述要求的条件下，力求控制回路接线简单，采用的设备和电缆最少。

15. 经长电缆跳闸的回路应如何防止出口继电器误动？

答： 由于交流窜入直流回路而造成误动的事故屡有发生，对经长电缆跳闸的回路，应采取防止长电缆分布电容影响和防止出口继电器误动的措施。

（1）严格防止交流电压、电流窜入直流回路。为提高保护装置的动作速度，在现代保护装置中，大多数采用了动作速度较快的出口继电器，当站用直流系统中窜入交流信号时，将可能会影响保护装置的动作行为，特别是对于直接采用站用直流作为动作电源、经长电缆直接驱动的出口继电器，更容易误动作，因此在运行和检修中应严格执行有关规程、规定及反事故措施，严防交流窜入直流。

（2）提高二次回路抗干扰能力，由于长电缆有较大的对地分布电容，从而使得干扰信号较容易通过长电缆窜入保护装置，严重时可导致保护装置不正确动作。在现代保护装置中通常对外部侵入的干扰有一定的防护措施，而对于出口继电器，则通常采用加大继电器动作功率或延长动作时间的方法抵御外部干扰。

二、定值整定与运行维护

1. 当灵敏性与选择性难以兼顾时如何处理？

答：依据电网结构和继电保护配置情况，按相关规定进行继电保护的整定计算。当灵敏性与选择性难以兼顾时，应首先考虑以保灵敏度为主，防止保护拒动，并备案报主管领导批准。继电保护的配置和整定计算都应充分考虑系统可能出现的不利情况，尽量避免在复杂、多重故障的情况下继电保护不正确动作，同时还应考虑系统运行方式变化对继电保护带来的不利影响。当电网结构或运行方式发生较大变化时，应对现运行保护装置的定值进行核查计算，不满足要求的保护定值应限期进行调整。当遇到电网结构变化复杂、整定计算不能满足系统运行要求的情况时，应按整定规程进行取舍，侧重防止保护拒动，备案注明并报主管领导批准。安排运行方式时，应分析系统运行方式变化对继电保护带来的不利影响，尽量避免继电保护定值所不适应的临时性变化。

2. 为什么要严格管理继电保护装置的软件版本？

答：继电保护是保证电网安全运行、保护电气设备的主要装置，是整个电力系统不可缺少的重要组成部分。保护装置配置使用不当或不正确动作，必将引起事故或事故扩大，造成电气设备损坏，甚至导致整个电力系统崩溃瓦解。对于微机型保护装置而言，软件是保证其正确动作的核心之一，同型号的保护装置，因配置要求或地域习惯的不同，软件版本不尽相同，保护的动作行为也可能存在一定的差异。通常，继电保护管理部门均对进入所辖电网的微机型保护装置及其软件版本进行检测试验，证实其满足本网要求后方予以选用。因此，要求所有进入电网内运行的微机保护装置软件版本，必须符合软件版本管理规定的要求，并与继电保护管理部门每年下发文件所规定的软件版本相一致。微机型继电保护及安全自动装置的软件版本和结构配置文件修改、升级前，应对其书面说明材料及检测报告进行确认，并对原运行软件和结构配置文件进行备份。修改内容涉及测量原理、判据、动作逻辑或变动较大的，必须提交全面检测认证报告。保护软件及现场二次回路变更须经相关保护管理部门同意并及时修订相关的图纸资料。

3. 双母线接线方式的完全电流差动保护，在进行母线倒闸操作时需注意什么？

答：在母线配出元件倒闸操作的过程中，配出元件的两组隔离开关双跨两组母线，配出元件和母联断路器的一部分电流将通过新合上的隔离开关流入（或流出）该隔离开关所在母线，破坏了母线差动保护选择元件差流回路的平衡，而流过新合上的隔离开关的这一部分电流，正是它们共同的差电流。此时，如果发生区外故障，两组选择元件都将失去选择性，全靠总差流启动元件来防止整套母线保护的误动作。在母线倒闸操作过程，为了保证在发生母线故障时母线差动保护能可靠发挥作用，需将保护切换成由启动元件直接切除双母线的方式。但对隔离开关为就地操作的变电站，为了确保人身安全，此时一般需将母联断路器的跳闸回路断开。

4. 为什么双母线接线的母线差动保护和失灵保护要增加电压闭锁元件？

答：在双母线接线形式的变电站中，因为母线差动保护和断路器失灵保护动作后所跳元件较多，一旦动作将会导致较大范围的停电、限电。为防止这两种影响面较大的保护装置误动作，除发电机-变压器组的断路器非全相开断的保护外，均应设有足够灵敏度的电压闭锁元件。

设置复合电压闭锁元件的主要目的有以下两点：① 防止由于人员误碰造成母线差动保护或失灵保护误动出口，跳开多个元件；② 防止母线差动保护或失灵保护由于元件损坏或受到外部干扰时误动出口。

5. 单相重合闸线路采用零序方向纵联保护时，为什么要增配有健全相再故障时的快速动作保护？

答：如果继电保护装置的工作电压取自母线电压互感器二次，当线路单相断开时，两侧的零序方向元件都将处于正方向（线路内部故障方向）动作状态，因此，对于采用单相重合闸的线路，在单相跳闸的同时，需要闭锁零序方向纵联保护的动作，以避免两相运行过程中的误动作。但是，这同时取消了两健全相在非全相运行过程中再故障时的快速保护。在此同时，本线路的某些保护段的零序电流保护，也将在单相跳闸后同样因避免两相运行过程中的误动作而必须短时退出工作。为了两健全相在单相重合闸过程中再故障时的快速跳闸，或者为了与相邻线路零序电流保护配合的需要（对于故障线路，零序电流保护段的启用或停用，可以方便地随线路单相跳闸而自动实现，但相邻线路保护只能保持原有的所有保护段及其整定值），在许多情况下，增加两健全相再故障时的快速动作保护是必要的，否则，会恶化零序电流保护的整定（提高启动值，抬高动作时延）。实践和理论分析都说明，两健全相电流差突变量元件最适于担当这一任务。其缺点是在投入独立工作的期间，外部发生故障时可能误动作。但有关规程已明文规定，允许重合闸过程中后加速保护在外部故障时的误动作。即使不能保证在实际运用中完全没有发生过这种情况，这种外部故障的概率也应当是极低的。

6. 保护采用线路电压互感器时应注意哪些问题？

答：在线路合闸于故障时，在合闸前后电压互感器都无电压输出，阻抗继电器的极化电压的记忆回路将失去作用。为此在合闸时应使阻抗继电器的特性改变为无方向性（在阻抗平面上特性圆包围原点）。在线路两相运行时断开相电压很小（由健全相通过静电和电磁耦合产生的），但有零序电流存在，导致断开相的接地距离继电器可能持续动作。所以每相距离继电器都应配有该相的电流元件，必须有电流（定值很小，不会影响距离元件的灵敏度）存在，该相距离元件的动作才是有效的。在故障相单相跳闸进入两相运行时故障相上储存的能量包括该相并联电抗器中的电磁能，在短路消失后不会立即释放完毕，而会在线路电感、分布电容和电抗器的电感间振荡以至逐渐衰减，其振荡频率接近 50Hz，衰减时间常数相当长。所以两相运行的保护最好不反应断开相的电压。

7. 在哪些二次回路工作时应特别注意安全隔离措施？

答： 为保证继电保护装置的安全运行，在电压切换和电压闭锁回路，断路器失灵保护回路，母线差动保护回路，远跳、远切、联切回路以及"和电流"等接线方式有关的二次回路上工作时，以及 3/2 断路器接线等主设备检修而相邻断路器仍需运行时，应认真核对设计图纸，在涉及正常运行的相关二次回路上做好安全隔离措施，作业时严格按照工作票和操作票执行，防止在停电设备及二次回路工作造成运行设备停电。

8. 当现场进行什么工作时重瓦斯保护应由"跳闸"位置改为"信号"位置运行？

答： 当现场进行下述工作时，重瓦斯保护应由"跳闸"位置改为"信号"位置运行：

（1）进行注油和滤油时。

（2）进行呼吸器畅通工作或更换硅胶时。

（3）除采油样和气体继电器上部放气阀放气外，在其他所有地方打开放气、放油和进油阀门时。

（4）开、闭气体继电器连接管上的阀门时。

（5）在瓦斯保护及其二次回路上进行工作时。

（6）对于充氮变压器，当储油柜抽真空或补充氮气时，变压器注油、滤油、充氮（抽真空）、更换硅胶及处理呼吸器时，在上述工作完毕，经 1h 试运行后，方可将重瓦斯保护投入跳闸。

9. 为什么风电场汇集线系统单相故障应快速切除？

答： 风电场汇集线一般采用 35kV 电缆系统，因施工工艺不良和运行维护不力，易发生电缆头故障，引发连锁反应，导致事故扩大。因此，要求风电场汇集线系统单相故障应快速切除。

汇集线系统应采用经电阻或消弧线圈接地方式，不应采用不接地或经消弧柜接地方式。经电阻接地的汇集线系统发生单相接地故障时，应能通过相应保护快速切除，同时应兼顾机组运行电压适应性要求。经消弧线圈接地的汇集线系统发生单相接地故障时，应能可靠选线，快速切除。汇集线保护快速段定值应对线路末端故障有灵敏度，汇集线系统中的母线应配置母线差动保护。

10. 如何避免发电企业厂用电系统不正确动作对主网系统的影响？

答： 发电企业应按相关规定进行继电保护整定计算，并认真校核与系统保护的配合关系。加强对主设备及厂用电系统的继电保护整定计算与管理工作，安排专人每年对所辖设备的整定值进行全面复算和校核，注意防止因厂用系统保护不正确动作，扩大事故范围。继电保护的定值计算是一个系统工程，电力系统中各运行设备的保护定值必须实现协调配合，才能完成保证电网安全稳定运行的任务；发电厂是电力系统的重要组成部分，发电厂电气设备的继电保护定值也必须与电网其他设备的保护定值相配合。发电厂电气设备的继电保护定值计算工作，大多由电厂继电保护专业管理部门负责，调度部门应根据系统变化情况，定期向所辖调度范围内的电厂下达接口定值及系统等值参数。发电厂应及时根据最新的接口定值及系统等值参数进行继电保护装置定值的校核、调整，以保证发电厂各运行设备保护定值对系统的适应性及与系统保护配合关系的正确性。厂用电系统是发电厂的重要组成部分，应切实做好厂用系统电气设备的继电保护定值计算与管理工作，保证保护装置动作的正确性，以确保发电设备的安全。当电网结构或运行方式发生较大变化时，继电保护整定计算人员应对现运行保护装置的定值进行核查计算，不满足要求的保护定值应限期进行调整。安排运行方式时，应分析系统运行方式变化对继电保护带来的不利影响，尽量避免继电保护定值所不适应的临时性变化。

第三章　智能变电站继电保护

一、二次设备及网络安全

1. 智能变电站中哪种二次系统网络结构更经济、安全、可靠?

答:智能变电站二次系统设计主要基于 IEC 61850 系列标准,标准中提出了变电站的三层功能结构、功能间的逻辑接口以及逻辑接口到物理接口的映射。根据 IEC 61850 的指导思想,国内智能变电站实施过程中设计了多种不同的体系结构,如 "三层一网"结构、"三层两网"结构、"三层三网"结构,各种结构形式都遵从三层结构,只是在网络配置上差异较大。

"三层三网"指过程层、间隔层、站控层,过程层网络、间隔层网络、站控层网络。过程层设备主要用于各种数据的采集和命令的执行;间隔层设备主要是各种继电保护装置、测控装置等,负责一次设备的故障判断和跳合闸命令发布等;站控层设备主要用于站内"四遥"信息的上送下达等。从安全、可靠的角度出发,应在过程层和间隔层中间设置过程层网络,与间隔层设备、过程层设备共同保证变电站内基本的故障判断跳合闸功能的实现,且不能与其他网络混用,否则可能影响继电保护信息的可靠传输,引起保护不正确动作;从经济角度出发,间隔层网络和站控层网络可以合一,辅助实现间隔层设备间的信息交互和四遥信息的上送下达。因此,"三层两网"网络结构更经济、安全、可靠。

2. 如何保障过程层 GOOSE 信号收发可靠性?

答:为保障过程层 GOOSE 信号的收发可靠性,可从两方面考虑,一是信号传输媒介,二是信号传输机制。从信号传输媒介考虑,对重要的 GOOSE 信号,如与保护装置功能实现和命令执行息息相关的断路器位置、跳合闸命令等，采用直连光纤传输较为可靠。从信号传输机制考虑，GOOSE 发送可采用心跳报文和变位报文快速重发相结合的机制。

3. 220kV 及以上继电保护系统双重化配置时需满足什么原则?

答：220kV 及以上电压等级继电保护系统遵循双重化配置的原则，每套保护系统装置功能独立完备、安全可靠。双重化配置的两个过程层网络遵循完全独立的原则。

（1）每套完整、独立的保护装置应能处理可能发生的所有类型的故障。两套保护之间不应有任何电气联系，当一套保护异常或退出时不应影响另一套保护的运行。

（2）两套保护的电压（电流）采样值应分别取自相互独立的合并单元。

（3）双重化配置的合并单元应与电子式互感器两套独立的二次采样系统（电磁式互感器两组独立绕组）一一对应。

（4）双重化配置保护使用的 GOOSE（SV）网络应遵循相互独立的原则，当一个网络异常或退出时不应影响另一个网络的运行。

（5）两套保护的跳闸回路应与两个智能终端分别一一对应；两个智能终端应与断路器的两个跳闸线圈分别一一对应。

（6）双重化的线路纵联保护应配置两套独立的通信设备（含复用光纤、独立纤芯、微波、载波等通道及加工设备等），两套通信设备应分别使用独立的电源。

（7）双重化的两套保护及其相关设备（电子式互感器、合并单元、智能终端、网络设备、跳闸线圈等）的直流电源应一一对应。

（8）双重化配置的保护应使用主、后一体化的保护装置。

4. 双重化配置的线路智能终端，其二次回路设计时需注意哪些事项?

答：（1）需将 B 套智能终端一对合闸触点接入 A 套合闸回

路。因为断路器通常只有一个合闸线圈，智能终端双重化配置时，为避免控制电源第一、二路混用，B 套智能终端只提供一对合闸触点，用于启动 A 套合闸回路。图 3–1 所示为 A 套智能终端控制回路图，在这种接线方式下，当 A 套智能终端异常或者第一组控制回路断线时，B 套的合闸功能也无法正常运行。

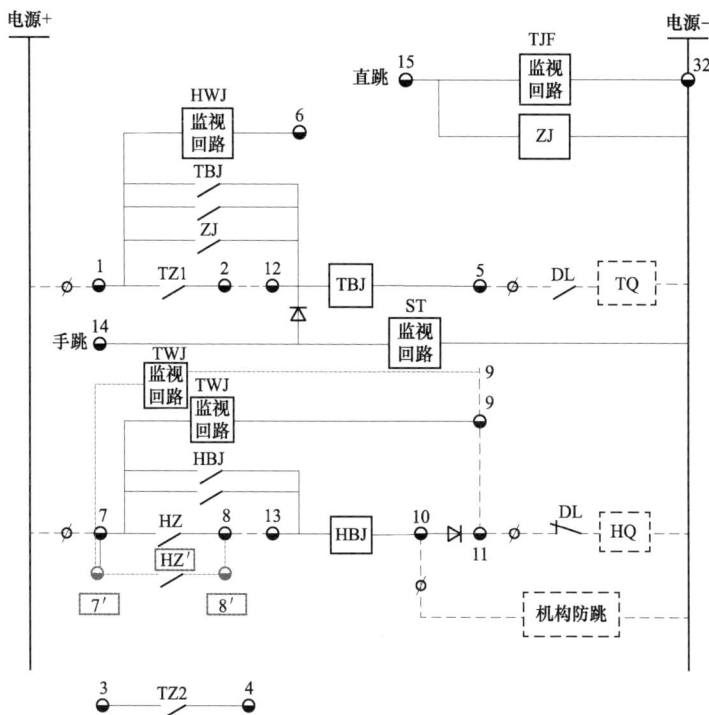

图 3–1　智能终端双套配置时的合闸回路配合原理图

（2）需将手分、手合（遥分、遥合）信号开入 B 套智能终端，如图 3–2 所示，仅用以启动和复归 KK 合后继电器。因为当智能终端双重化配置时，断路器手分、手合（遥分、遥合）回路仅使用 A 套的，B 套的 KK 合后继电器并不能随手分、手合（遥分、遥合）命令正确动作复归，造成 B 套的事故总信号不能正常发出。同样，因为 KK 合后继电器处于复归状态时，即使断路器处于合位，B 套保护装置也将不进行重合闸充电，重合闸不能正常动作。

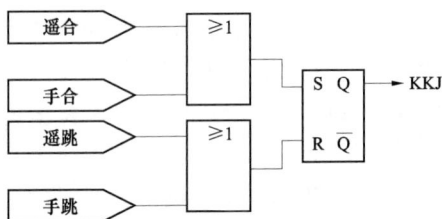

图 3-2 合后继电器启动及复归逻辑图

5. 保护装置跨接过程层双网后有什么后果？

答：一般过程层设置双网时，对应保护装置应双重化配置，按照双重化配置原则，不仅保护装置要双重化，对应的二次回路、网络、合并单元、智能终端等附属设备都要双重化，保障每套系统完全独立运行，其中一套退出时，另一套还可以完整运行。保护装置跨接过程层双网，会造成两套保护装置二次回路相互交叉，每套网络同时接收两套保护装置发送的信息，网络流量随之增大，可能造成网络堵塞，一旦保护装置感染病毒，会引起两套网络瘫痪，且网络对端接收装置在信息处理时存在选择性或主备切换问题。因此，按照继电保护"四性"原则，保障故障发生时，继电保护能够快速、可靠动作，双重化配置的继电保护系统要完全独立、互不影响。

6. 如何解决电流极性的不同要求问题？

答：对于 3/2 断路器接线的中断路器、桥接线的桥断路器、角形接线的断路器两侧间隔保护，双母线双分段的分段断路器两侧母线差动保护，要求合并单元输出的极性相反。

一种方案为合并单元同时输出正反极性电流，经不同的 SV 控制块发送到两侧间隔保护，但会增加合并单元发送数据量；另一种方案是通过保护装置实现电流极性的调整，在保护装置处设置正、反电流虚端子，通过虚端子连线连到保护装置相应的电流虚端子处即可，该方案简单、方便，不增加 SV 传输数据量。

7. 线路两侧分别采用电子式互感器和常规互感器时，对线路纵联保护有什么影响？

答：（1）电子式互感器不存在饱和问题，常规电磁式互感器会有饱和问题，在特定情况下线路保护会因单侧互感器饱和而发生不正确动作。

（2）线路保护会因两侧互感器对短路电流中直流分量衰减度不一致，导致不正确动作。

（3）线路纵联保护需要对两侧采样延时差进行补偿。

8. 电子式互感器的接地需注意什么？

答：电子式互感器座架处需提供具有紧固螺钉或螺栓的可靠接地端子，接地螺栓的直径一般不得小于 8mm，接地处金属表面平坦，连接孔的接地板面积足够，在接地处旁标有明显的接地符号。二次回路全为光纤传输，没有接地要求。

9. 预制舱式二次组合设备的接地及抗干扰问题如何解决？

答：预制舱应采取屏蔽措施，满足二次设备抗干扰要求；预制舱内应设置一、二次接地网；预制舱墙体内，离活动地板 250mm 高处暗敷舱内接地干线，在接地干线上设置若干临时接地端子。

10. 二次光纤的布置需注意哪些事项？

答：（1）光纤弯曲曲率半径须大于其外直径的 20 倍，严禁折损，固定牢靠，走线整齐美观。

（2）保护屏柜内光缆孔需可靠封堵，严禁磨损弯折。

（3）光缆熔接工艺符合相关要求，光缆熔接盒位置合理、固定可靠。

（4）备用芯通常采用一备一原则配置，其标签走向正确，连接完整、无折损，预留一定长度，光衰耗不大于 3dB，放置位置需稳固，避免遭遇外力挤压或牵引。

（5）所有光纤、备用纤芯、光缆的标牌需齐全，编号正确、清晰、不褪色，一般光纤标识包含起点、终点及端口，光缆标识包含编号、芯数、起点和终点。

11. 哪些元器件损坏后不应引起保护误动作跳闸？

答：按照 GB/T 14285《继电保护和安全自动装置技术规程》要求，除出口继电器外，装置内的任一元件损坏时，装置不应误动作跳闸。智能变电站中的电子式互感器的二次转换器（A/D 采样回路）、合并单元、光纤连接、智能终端、过程层网络交换机、保护装置等设备内任一个元件损坏，除出口继电器外，不应引起保护误动作跳闸。

12. 涉及多间隔的保护装置，当外部对时信号丢失时保护装置会不会误动？

答：当涉及多间隔的保护装置采用直接采样时，由于采样延时较为固定，间隔合并单元发送的采样数据集包含采样数据、额定延时，保护装置从接收报文中解析出采样序号和额定延时，将采样接收时刻减去额定延时还原实际采样时刻，通过重采样脉冲对前后点采样数据进行插值运算得到采样脉冲时刻的各间隔同一时刻采样值，实现对采样数据的同步，此时保护装置同步功能的实现不依赖于外部对时，当外部对时丢失时，保护装置依然保持采样同步，不会误动。

当涉及多间隔的保护装置采用网络采样时，网络延时将无法确定，网络拥堵时网络延时将不断增大，保护装置无法实现插值同步，需采用时标同步法对采样值进行同步。由 GPS 接收机接收空中全球定位卫星发送的时间，经过解码处理后得到秒脉冲信号，发送至各侧合并单元进行实时同步对时，合并单元将该秒脉冲信号进行处理变成采样频率，触发 A/D 采样，保证各侧合并单元在同一时刻采样。合并单元采样报文中对采样时刻进行标识，保护装置接收到各侧合并单元数据时，只需对齐各侧采样数据的标识即可。但该方式本身高度依赖于 GPS，降低了保护装置的可靠性，外部 GPS 对时丢失，各侧合并单元不同步后，保护装置可能会误动。

二、运行维护安全

1. 二次系统验收时需注意哪些事项?

答：在智能变电站验收时，除了同常规变电站一样，做好对保护装置软件版本认证、保护功能、二次回路、图纸资料等验收工作外，还需做好以下几点：

（1）全站配置智能变电站配置描述文件（SCD 文件）、虚端子表、IP 和 MAC 地址分配表、交换机 VLAN 划分方案、光纤链路图等文件、资料的审查、验收，确保其正确、完整，与现场实际一致。

（2）合并单元、智能终端的软硬件认证，功能验收。

（3）交换机性能、功能验收。

2. SCD 配置文件审查时需特别注意哪些问题?

答：除了利用现有软件或工具对 SCD 配置文件的语法合法性，IP 地址、组播 MAC 地址、GOOSEID、SMVID、APPID 唯一性等进行自动检查外，在进行虚端子连接正确性和完整性审查时，需注意以下几点：

（1）检查虚端子配置是否缺项。过程层网络虚端子配置缺项，相当于常规型变电站二次电缆漏接，必然导致智能电子设备的功能缺失。确定虚端子配置缺项的依据是设计院提供的虚端子信息表与二次设计规范。此外，还需注意检查虚端子信息配置的简洁性与可靠性。例如，500kV 线路保护装置动作时，对断路器保护装置的启失灵功能原则上采用断路器智能终端的 TJR 虚端子开出GOOSE 信息传递给断路器保护装置，但考虑到虚端子信息交互的可靠性，可将线路保护装置的跳闸 GOOSE 开出直接连接到断路器保护装置的启失灵 GOOSE 开入，从而实现虚端子连接简洁可靠的目的。

（2）检查虚端子配置是否存在重复性多对一关联。过程层网络的信息传递机制采用基于多播的信息发送方式和基于目标地址过滤的信息接收方式，要求虚端子配置只能存在数据对象一对一、一对多的传递，不能存在多对一的信息传递。在检查虚端子配置文件时，必须严格把关，避免多对一的配置关联。如图 3–3 所示，某500kV 变电站 1 号主变压器保护、5021 断路器保护、5022 断路器保护、Ⅰ母母线保护均须将各自的跳闸 GOOSE 开出信息传递给5021 智能终端实现跳闸功能，这时，须保证 5021 智能终端的跳闸GOOSE 开入不是同一数据集索引。

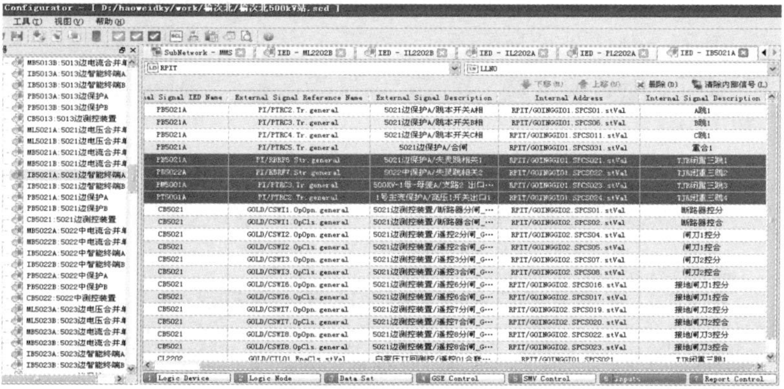

图 3–3　SCD 配置检查（多对一）界面示意

（3）避免多余虚端子配置。虚端子的多余配置比缺少配置后果更加严重，可能导致智能电子设备（IED）之间产生不应发生的信息交互。相比较虚端子配置缺项，虚端子的多余配置在试验过程中较难发现，只能通过事先的配置检查工作通过人工检查发现。例如，实际工程中遇到过集成商除了将 1 号主变压器保护动作出口跳母联的虚端子关联之外，错误地增加了启失灵的命令，此虚端子信息很难在试验中发现。

（4）避免交叉错误配置。在 SCD 文件配置过程中，虚端子连接容易指向错误设备或指向错误数据索引。例如，实际工程中遇到过 SCD 配置中将 1 号主变压器保护动作出口跳 5021、5022 断路器的跳闸命令，错误地连接为跳 5031、5022 两断路器。

（5）数据集索引检查。当语法、虚端子项检查正确后，还需检查每条虚端子的数据索引是否正确。工程实践经验表明，SCD文件中许多虚端子项存在并不能保证互传验证能够实现。所以，不能仅从解析软件或可视化软件上看到虚端子链接存在即可，还应仔细查看虚端子开出和开入的数据集索引是否选择正确。

（6）软压板对应检查。还应检查虚端子信息与软压板的配合。如果对应软压板选择不当，投运后将对运行维护造成很大困难。一般保护装置的一个出口虚端子对应一个出口软压板，工程配置中，往往容易将跳闸出口与启失灵共用一个出口软压板，后期运行维护中无法分别投退，存在安全运行风险。

例如，表 3-1 所示为某主变压器保护对 220kV 侧的跳闸虚端子，从表中可以看出，如果虚端子按照此表配置，功能虽能实现，但是跳闸出口成分相控制，且每相的出口均由不同软压板控制，A相跳闸与启失灵共用一个出口软压板，压板配合存在严重错误。表 3-2 为正确配置。

表 3-1　　　　　　　软压板对应表（错误）

保护装置	出口端子	出口命令	对端装置
主变压器保护	跳高压断路器 1	启动 220kV 失灵	220kV 母线保护
		跳智能终端 A	220kV 侧智能终端
主变压器保护	跳高压断路器 2	跳智能终端 B	220kV 侧智能终端
主变压器保护	跳高压断路器 3	跳智能终端 C	220kV 侧智能终端

表 3-2　　　　　　　软压板对应表（正确）

保护装置	出口端子	出口命令	对端装置
主变压器保护	跳高压断路器 1	TJR 三跳	220kV 侧智能终端
主变压器保护	跳高压断路器 2	启动 220kV 侧断路器失灵	220kV 母线保护

3. SCD 配置文件错误会产生什么后果？

答：SCD（substation configuration description）为智能变电站配置描述文件。文件描述了全站所有智能电子设备（IED）的实例配置，包括版本信息、通信参数、信息关联配置、变电站一次系统结构等。SCD 文件约束了变电站内智能电子设备之间的逻辑联系。其正确、完整性直接决定着全站二次系统的正常运行，一旦

SCD 文件错误，将导致继电保护发生不正确动作。如果存档 SCD 文件存在错误或不完整，与现场实际运行文件不符，将给后期改扩建工作带来很大困难和安全风险。

如 SV 采样回路通信参数（MAC 地址、APPID 等）错误，将导致保护装置闭锁，功能丢失；SV 采样回路相序配置错误，可能导致保护装置产生差流而误动。

如 GOOSE 回路相关信息设置错误，将导致保护装置动作命令无法实现。

因此，需特别加强对 SCD 配置文件的审查和管理，严格审核 SCD 配置文件的正确性、完整性、与现场实际运行文件的一致性，未经允许，不得擅自随意更改 SCD 配置文件。

4. 哪些情况将导致保护装置报 SV 数据异常？

答：（1）合并单元采样系统异常，导致数据本身出现异常。

（2）保护装置检测接收 SV 报文中目的 MAC 地址、APPID、SVID、Length（长度）等是否正确，如不正确，则丢弃报文，达到一定数量后报 SV 数据异常。

5. 哪些情况将导致线路保护装置功能闭锁？

答：（1）SV 链路中断、SV 数据异常或模拟量采集错时，电流 SV 将闭锁全部保护功能，电压 SV 将按电压互感器断线处理。GOOSE 链路中断、数据异常不闭锁保护功能。

（2）与电流合并单元检修态不一致，闭锁全部功能。

（3）保护装置故障，如保护 CPU 异常，闭锁全部功能。

（4）保护装置失电告警，闭锁全部功能。

（5）线路差动保护，两侧差动压板投退不一致，闭锁差动主保护功能。

（6）电源异常、管理 CPU 异常等闭锁部分保护功能。

6. 哪些情况不会导致线路保护装置功能闭锁？

答：（1）GOOSE 数据异常。

（2）GOOSE 链路中断。

（3）GOOSE 检修态不一致。

（4）电压 SV 数据异常。

若仅保护装置报直连 GOOSE 数据异常，则不会影响保护装置功能的实现。若保护装置报 GOOSE 链路中断、检修态不一致，虽不会闭锁保护装置功能，但会影响保护装置功能的实现。

7. 哪些情况将导致母线保护装置功能闭锁？

答：以双母线接线为例，闭锁保护功能的情况有：

（1）除母联间隔外其他支路间隔 SV 数据异常或中断，闭锁母线差动保护和相应支路失灵保护，其他支路的失灵保护不受影响。

（2）除母联间隔外其他支路间隔电流互感器断线，闭锁断线相差动保护功能和失灵保护功能。

（3）除母联外其他支路电流 SV 检修态不一致，闭锁母线差动保护和失灵保护。

（4）装置故障，主硬件故障、软件运行出错，整套装置闭锁。

（5）装置失电，整套装置闭锁。

8. 哪些情况不会导致母线保护装置功能闭锁？

答：（1）GOOSE 数据异常。

（2）GOOSE 链路中断。

（3）GOOSE 检修态不一致。

（4）母线电压 SV 数据异常、链路中断或检修态不一致，复压闭锁开放。

（5）母联支路 SV 数据异常、链路中断，母联支路 MU 检修硬压板投入，不闭锁母差保护，发生母线区内故障时，大差判断故障后先跳母联，延时 100ms 后选择故障母线跳闸。

（6）母联互流互感器断线，不闭锁母线差动保护，发生断线相母线区内故障时，大差判断故障后先跳母联，延时 100ms 后选择故障母线跳闸。

（7）刀闸等开入异常。

9. 保护装置软压板投退需注意什么？

答：（1）保护装置投运前，应严格核对后台监控界面中保护装置软压板名称正确、规范，且与保护装置实际压板一一对应，变压器保护、母线保护、失灵保护的软压板名称规范、正确、清楚，且与实际间隔名称对应。严格检查软压板的独立性，一个软压板不应同时作用多个保护功能或 GOOSE 出口，比如 GOOSE 出口软压板与 GOOSE 启失灵软压板应相互独立，仅 GOOSE 出口软压板退出时，启失灵信号应能正常发收，仅 GOOSE 启失灵软压板退出时，GOOSE 出口信号应能正常收发。

（2）保护软压板投退在后台操作，操作前、后均应在监控界面上严格核对软压板的实际状态。当无法实施远程投退软压板时，应履行手续赴就地操作。后台或就地操作时，必须严格执行"一人操作、一人监护"制度。

（3）继电保护装置软压板投退顺序一般为：投入时，先投 SV 接收软压板，后投功能软压板，再投出口软压板；退出时，先退出口软压板，后退功能软压板，再退 SV 接收软硬板。

10. 运行中的变压器保护一侧 MU 软压板退出后有什么后果？

答：智能变电站变压器保护当某一侧 MU 软压板退出后，该侧所有采样数据显示为 0，采样数据将不参与该侧相关的差动保护和后备保护逻辑，当该侧负荷电流较大时，保护装置可能发生不正确动作。

11. 保护装置校验时，投退压板有哪些注意事项？

答：装置校验时，应投入待检修装置的检修硬压板，退出其 GOOSE 出口和功能软压板；装置中的远方修改定值软压板、远方控制 GOOSE 软压板设置"就地"位置，禁止在后台操作相关软压板，以防止后台误投入联跳运行设备的 GOOSE 软压板。相关保护装置若在发、收两侧配置 GOOSE 软压板时，应在发送侧、接收侧同时退出；若保护装置只配置单侧软压板时，本装置作为 GOOSE 发送或接受侧时，必须保证相应的 GOOSE 软压板在退出位置。

12. 检修硬压板投退不正确有什么后果?

答: 智能变电站继电保护装置检修状态通过装置检修硬压板开入实现, 检修压板只能就地操作, 当压板投入时, 表示装置处于检修状态。装置通过 LED 状态灯、液晶显示或报警触点提醒运行、检修人员装置处于检修状态。对于正常运行的二次装置, 当仅电流合并单元检修硬压板投入时, 由于电流将不参与相应保护装置的逻辑计算, 将导致保护装置误动或拒动; 当仅间隔智能终端检修硬压板投入时, 智能终端将不处理相应保护装置发出的出口报文, 将导致拒动; 当仅保护装置检修硬压板投入时, 相等于保护功能闭锁。因此, 检修硬压板的投退非常重要, 投退状态或顺序不对, 都将影响到继电保护系统的正常运行。对于测控装置, 当本装置检修压板或接收到的 GOOSE 报文中的 Test 位任意一个为 1 时, 上传 MMS 报文中相关信号的品质位 q 的 Test 位置 True。后台、远端根据上送报文中的品质 q 的 Test 位判断报文是否为检修报文并作出相应处理。当报文为检修报文, 刷新画面, 保证画面状态与实际相符, 但报文内容不显示在简报窗内, 不发音响告警。所有检修报文将被完整存储, 并可通过单独窗口进行查询。

13. 保护整组试验时应注意哪些事项?

答: (1) 装置定值需按定值单整定。

(2) 加入 A、B 套合并单元的电流、电压量应为同一电流、电压源头。

(3) 保护、合并单元以及智能终端检修压板应一致。

(4) 保护出口软压板以及智能终端硬压板应按现场实际运行投入。

(5) 在录波器中查看智能终端收到跳、合闸令至智能终端发出跳、合闸令之间的时间差是否满足规程要求, 其他电流、电压以及开关量信号是否符合动作逻辑。

(6) 监控后台查看 A、B 套保护、智能终端上送的信号是否一致符合动作逻辑。

14. 保护装置检修过程中如需对光纤进行插拔，应注意哪些事项？

答：（1）操作前核实光纤标识是否规范、明确，且与现场运行情况一致。

（2）取下的光纤应做好记录，恢复时应在专人监护下逐一进行，并仔细核对。

（3）严禁将光纤端对着自己和他人的眼睛。

（4）插拔光纤过程中应小心、仔细，光纤拔出后应及时套上防尘帽，避免光纤白色陶瓷插针触及硬物，从而造成光头污染或光纤损伤。

（5）恢复原始状态后，检查光纤是否有明显折痕、弯曲度是否符合要求。

（6）恢复以后，查看二次回路通信图，检查通信恢复情况。

15. 电子式电流互感器在应用中需注意哪些问题？

答：（1）由罗氏线圈和低功耗线圈组成的有源电子式电流互感器，其高压侧的电子模块需要工作电源，通常采用线路电流供电和激光供电。采用线路电流供电时，唤醒电子式互感器开始正常工作的最小一次电流方均根值称为唤醒电流，当一次电流大于等于唤醒电流时，互感器电子模块由一次电流供电，当一次电流小于唤醒电流时，互感器电子模块由激光供电。因此，在一次线路启动带电、跳闸重合后的一小段时间内，电子式互感器应由激光供电，激光电源故障将导致电子式互感器短时间无法工作，引起保护装置拒动或误动。

在现场验收维护中，一是要加强对电子模块双路供电电源无缝切换项目的验收：一次电流在唤醒电流值（或厂家提供的切换值）附近往复波动时，电子模块双路电源能无缝切换，互感器能正常工作；一次电流切换值附近双路电源频繁切换时，电子模块双路电源能稳定工作，互感器能正常工作。二是加强对激光电源的维护，确保其可靠运行。

（2）罗氏线圈和低功耗线圈输出的模拟量小信号容易受到电

磁干扰影响。

（3）光学电流互感器输出精度易受环境温度、振动等因素的影响。

（4）在试验过程中需注意电子式电流互感器极性测试问题。检查电子式互感器 MU 输出 SV 报文中电流数据的方向。

16. 对部分间隔送电的 220kV 母线差动保护，运行中需注意什么？

答：（1）未投入运行的间隔支路 SV 接收软压板、失灵开入软压板和 GOOSE 出口软压板须处于"退出"状态；若未投入运行间隔支路 SV 接收软压板投入，当该支路间隔合并单元检修硬压板无投入时，会导致母线差动保护闭锁。

（2）母线差动保护中未投入间隔的参数可不整定，设为零。

第四章 配电网继电保护

1. 配电网变压器保护如何配置？

答：（1）容量在 0.4MVA 及以上车间内油浸变压器和 0.8MVA 及以上油浸变压器，均应装设瓦斯保护。带负荷调压变压器充油调压开关亦应装设瓦斯保护。其余非电量保护按照变压器厂家要求配置。

（2）对于电压为 10（6）kV 的重要变压器，当电流速断保护灵敏度不满足要求时，必须采用纵差保护作为变压器主保护，电流保护作为变压器后备保护。

（3）容量在 0.4MVA 及以上的变压器，应装设过负荷保护。过负荷保护可动作于信号，必要时动作于跳闸或切除部分负荷。

2. 配电网中经低电阻接地系统的专用接地变压器，保护配置有何要求？

答：对低电阻接地系统的专用接地变压器，除按规定应配置主保护和相间后备保护外，还应配置零序过电流保护。零序过电流保护宜接于接地变压器中性点回路的零序电流互感器。

当专用接地变压器不经断路器直接接于变压器低压侧时，零序过电流保护宜有三个时限，第一时限断开低压侧母联或分段断路器，第二时限断开主变压器低压侧断路器，第三时限断开变压器各侧断路器。当专用接地变压器接于低压侧母线上，零序过电流保护宜有两个时限，第一时限断开母联或分段断路器，第二时限断开接地变压器断路器及主变压器各侧断路器。

3. 针对配电网线路相间短路故障，保护应如何配置？

答：（1）单侧电源线路。可装设三段式（或两段式）电流保护，第一段为不带时限的电流速断保护，第二段为带时限的能保护线路全长的电流保护，第三段为带时限的过电流保护，保护可采用定时限或反时限特性。保护装置仅装在线路的电源侧。线路不应多级串供，以一级为宜，不应超过二级。必要时，可配置光纤电流差动保护作为主保护，带时限的过电流保护为后备保护。

（2）双侧电源线路。可装设带方向的三段式（或两段式）电流保护。短线路、电缆线路、并联连接的电缆线路宜采用光纤差动保护作为主保护，带方向的电流保护作为后备保护。并列运行的平行线路，应配置光纤差动保护，带方向的电流保护作为后备保护。

（3）环形网络的线路。配电网不宜出现环形网络的运行方式，应开环运行。当必须以环形方式运行时，为简化保护，可采用故障时将环网自动解列而后恢复的方式，对于不宜解列的线路，按双电源线路来配置保护。

（4）发电厂厂用电源线。发电厂厂用电源线（包括带电抗器的电源线），宜装设纵联差动保护和过电流保护。

4. 针对配电网线路单相接地短路故障，保护应如何配置？

答：（1）在发电厂和变电站母线上，应装设单相接地监视装置。监视装置反应零序电压，动作于信号。

（2）有条件安装零序电流互感器的线路，如电缆线路或经电缆引出的架空线路，当单相接地电流能满足保护的选择性和灵敏性要求时，应装设动作于信号的单相接地保护。如不能安装零序电流互感器，而单相接地保护能够躲过电流回路中的不平衡电流的影响，例如单相接地电流较大，或保护反应接地电流的暂态值等，也可将保护装置接于三相电流互感器构成的零序回路中。

（3）在出线回路不多，或难以装设选择性单相接地保护时，可用依次断开线路的方法，寻找故障线路。

（4）根据人身和设备安全的要求，必要时，应装设动作于跳闸的单相接地保护。

5. 电容器保护应如何配置？

答：（1）对电容器组和断路器之间连接线的短路故障，可装设带有短时限的电流速断和过电流保护，动作于跳闸。

（2）对电容器内部故障及其引出线的短路故障，宜对每台电容器分别装设专用的保护熔断器，熔丝的额定电流可为电容器额定电流的 1.5～2 倍。

（3）当电容器组中的故障电容器被切除到一定数量后，引起剩余电容器端电压超过 110%额定电压时，保护应将整组电容器断开。可装设中性点电压不平衡保护、电流不平衡保护或开口三角电压保护。

（4）对电容器组，应装设过电压保护，带时限动作于信号或跳闸。

（5）电容器应设置失电压保护，当母线失电压时，带时限切除所有接在母线上的电容器。

6. 接入配电网的分布式电源，保护如何配置？

答：（1）接入配电网的分布式电源，其保护配置应符合可靠性、选择性、灵敏性和速动性的要求。

（2）接入 10kV 配电网的分布式电源，宜配置光纤电流差动保护或方向保护，在能够满足保护装置可靠动作的情况下，也可采用电流、电压保护。

（3）接入 380V 配电网的分布式电源，可配置快速熔丝或低压过电流保护开关，并应配置剩余电流保护装置；接入 220V 配电网的分布式电源，可配置低压过电流保护开关和剩余电流保护装置。

（4）分布式电源应具备防孤岛保护功能，具备监测孤岛并快速与配电网断开的能力；分布式电源的保护应与配电网线路侧保护相配合。

7. 配电网变压器保护整定原则有哪些？

答：（1）变压器差动速断保护应按躲过变压器空载投入时的励磁涌流整定，并应保证保护安装处有足够灵敏度；变压器差动启动电流应躲过变压器正常运行时的不平衡电流，并对变压器低压侧有足够的灵敏度。

（2）配置三段式电流保护装置的配电网变压器，其高压侧瞬时电流速断保护应按躲过变压器低压侧故障整定，且应躲过变压器的励磁涌流。

（3）高压侧限时电流速断保护应保证变压器低压侧故障有足够灵敏度，整定时间和低压侧出线快速切断装置动作时间配合。

（4）高压侧过电流保护应可靠躲过变压器高压侧额定电流并保证变压器低压侧故障有足够灵敏度，整定时间和上级线路过流时间反配合。

（5）三段式电流保护的电流定值和时间定值还应满足与上级线路的电流保护反配合关系。

（6）配电网变压器保护装置应具备过负荷保护功能，定值按躲变压器高压侧额定电流整定，延时告警。

8. 线路保护三段式电流保护整定时应考虑哪些原则？

答：（1）瞬时电流速断保护。

1）应按躲过线路末端故障整定，且保护范围不应小于20%。

2）当按上述原则整定无保护范围时，如配置电流差动保护则电流速断保护应退出运行，如未配置电流差动保护则应按全线速断原则整定，其非选择性可由投重合闸弥补。

3）电流速断保护应与上级线路（或变压器低压侧后备保护）限时电流速断保护反配合整定。

（2）限时电流速断保护。

1）限时电流速断保护应与相邻线路电流速断保护或过电流保护相配合整定。

2）应保证全线故障有足够灵敏度。

3）限时电流速断保护应与上级线路（或变压器低压侧后备保护）限时电流速断保护或过电流反配合整定。

（3）过电流保护。

1）过电流保护应与相邻线路限时电流速断保护或过电流保护

相配合整定。

2）过电流保护应躲最大负荷电流整定。

3）过电流保护应与上级线路（或变压器低压侧后备保护）过电流保护反配合整定。

4）过电流保护应按所带变压器低压侧有灵敏度整定。

9. 为保障配电网保护的选择性要求，对配电网开关站、配电室、环网柜等一次设备的配置有何要求？如何考虑保护功能投退？

答：（1）要求配电网中开关站、配电室、环网柜等进出线均应配置断路器和电流互感器。

（2）配置光差保护装置的电流互感器应为三相式。

（3）配电网中开关站、配电室、环网柜等电源线路进线配置光差保护时，光差保护应投入，电源侧投跳闸负荷侧可投发信。

（4）配电网中开关站、配电室、环网柜等电源线路进线未配置光差保护时，可只投电源侧保护，负荷侧保护退出。

（5）对原有配电网中开关站、配电室、环网柜等未按以上要求配置的，如进线配置了断路器及而出线为负荷开关时，进线保护按出线保护整定原则整定，且应考虑所有出线负荷。

10. 当配电网多级串供的短线路均未配置光差保护时，保护无法实现上下级配合时应如何处理？

答：当配电网线路多级串供时，且各级线路电源侧均配置保护装置及断路器时，由于配电网线路较短，当无法实现逐级保护电流定值与时间定值配合时，可采用几级环网柜保护装置设置同一定值的原则，以方便故障点的判别及故障处理。

11. 备用电源自动投入装置的基本要求是什么？

答：（1）工作电源因故失去后，备用电源应迅速自动投入，而且只允许自动投入装置动作一次。

（2）工作电源断路器未断开前或备用电源无电压时，备用电源断路器不应投入。

（3）应有电压互感器二次侧熔断器熔丝熔断或回路断线的闭锁装置。当电压回路异常失压时，备用电源自动投入装置不应误动作。

（4）备用电源应有电压正常的监视回路，工作电源应有电压消失的判别回路。

（5）装设备用电源自动投入装置的近区发生故障，母线电压可能降低到工作电源的低电压继电器启动值。为保护故障先由保护切除而不直接启动备用电源自动投入装置，加装时间元件，整定时限应大于能使低压继电器启动的相应出线或元件保护的最大动作时限。

（6）当变电站母线发生故障时，备用电源自动投入装置不应动作，所以，备用电源自动投入装置的时间元件的整定时间还应大于工作电源的保护动作时间。

12. 在什么情况下，应装设备用电源自动投入装置？

答：（1）具有备用电源的发电厂厂用电源和变电站站用电源。

（2）由双电源供电，其中一个电源经常断开作为备用电源。

（3）降压变电站内有备用变压器或有互为备用的电源。

（4）有备用机组的某些重要辅机。

13. 备用电源自动投入装置中的后加速保护有何作用？

答：备用电源自动投入装置动作如投在故障设备上，后加速保护应能快速切除故障。后加速保护电流定值应对故障设备有足够灵敏度，同时还应可靠躲过包括自启动电流在内的最大负荷电流。为提高投入成功率，后加速保护宜带 0.1～0.3s 延时。

14. 备用电源自动投入装置动作电压及动作时间有何规定？

答：（1）低电压元件：应能在所接母线失压后可靠动作，而在电网故障切除后可靠返回，为缩小低电压组件动作范围，低电压定值宜整定得较低，一般整定为 0.15～0.3 倍额定电压。

（2）有压检测元件：应能在所接线路（母线）电源正常时可

靠动作，而在母线电压低到不允许自投装置动作时可靠返回，电压定值一般整定为 0.6～0.7 倍额定电压。

（3）备用电源自动投入装置动作时间应大于上级线路电源侧全线有灵敏度段保护动作时间，需要考虑重合闸时，应大于本级线路电源侧全线有灵敏度段保护动作时间与线路重合闸时间之和，同时还应大于工作电源母线上运行电容器的低压保护动作时间。

（4）备用电源自动投入装置动作时间还应与电源侧上一级备用电源自动投入装置的动作时间相配合。

（5）备用电源自动投入装置投入时间应为可靠跳开工作电源后 0s 合闸于备用电源，如跳工作电源时联切部分负荷，则投入时间可整定为 0.1～0.5s。

15. 电缆线路的重合闸如何投入？

答：（1）全线敷设电缆的线路，由于电缆故障多为永久性故障，不宜采用自动重合闸。

（2）部分敷设电缆的线路，宜以备用电源自投的方式提高供电可靠性，视具体情况，也可采用自动重合闸。

（3）含有少部分电缆、以架空线路为主的联络线路，当供电可靠性需要时，可以采用重合闸。

16. 配电网线路的重合闸投入方式是什么？

答：（1）配电网线路一般均为单侧电源线路或开环运行方式，重合闸投无检定重合方式。

（2）配电网中并入分布式电源的线路，一般线路系统侧重合闸投检无压方式，分布式电源侧重合闸退出运行。

（3）配电网中并入小电厂的线路，一般线路系统侧重合闸投检无压方式，电厂电源侧重合闸投检同期方式。

17. 10kV 系统中，接地电容电流超过多少时应在中性点装设消弧线圈？目的是什么？

答：10kV 系统中，接地电容电流超过 10A 时应在中性点装设消弧线圈。小接地电流系统发生单相接地故障时，接地点通过的电流是该电压等级电网的全部对地电容电流，如果此电容电流相当大，就会在接地点产生间歇性电弧，引起过电压，从而使非故障相对地电压极大增加，可能导致绝缘损坏，造成多点接地。在中性点装设消弧线圈的目的是利用消弧线圈的感性电流补偿接地故障的电容电流，使接地故障电流减少，以至自动熄灭，保证继续供电。

18. 小电流接地系统单相接地时有何特点？当发生单相接地时，为什么可以继续运行 1～2h?

答：小电流接地系统单相接地的特点有：

（1）非故障线路 $3I_0$ 的大小等于本线路的接地电容电流；故障线路 $3I_0$ 的大小等于所有故障线路的 $3I_0$ 之和，也就是所有非故障线路的接地电容电流之和。

（2）非故障线路的零序电流超前零序电压 90°，故障线路的零序电流滞后零序电压约 90°，故障线路的零序电流与非故障线路的零序电流相位相差 180°。

（3）接地故障处的电流大小等于所有线路（包括故障线路和非故障线路）的接地电容电流的总和，并超前零序电压 90°。

根据小电流接地系统单相接地时的特点，由于故障点电流很小，而且三相电压仍然对称，对负荷的供电没有影响，应此在一般情况下都允许再运行 1～2h，不必立即跳闸，这也是采用中性点非直接接地运行的主要优点。但在单相接地以后，其他两相对地电压升高至 $\sqrt{3}$ 倍，为了防止故障进一步扩大成两点、多点接地短路，应及时发出信号，以便运行人员采取措施予以消除。

19. 为保证继电保护的合理配合关系，在安排运行方式时，应综合考虑哪些方面？

答：（1）避免在同一变电站母线上同时断开所连接的两个及以上运行设备（线路、变压器），当两个变电站母线之间的电气距离很近时，也要避免同时断开两个及以上运行设备。

（2）在电网的某些点上以及与主网相连的有电源的地区电网

中，应设置合适的解列点，以便采取有效的解列措施，确保主网的安全和地区电网重要用户供电。

（3）避免采取多级串供的终端运行方式。

（4）避免采用不同电压等级的电磁环网运行方式。

（5）不允许平行双回线上的双 T 接变压器并列运行。

20. 为保证继电保护装置充分发挥作用，合理的配电网结构及电力设备布置是基础，宜采取哪些方式？

答：（1）宜采用环网布置，开环运行的方式，尽量避免短线路成串成环的接线方式。

（2）宜采用双回线布置，单回线–变压器组运行的终端供电方式。

（3）向多处供电的单电源终端线路，宜采用 T 接的方式接入供电变压器，但不宜在电厂向电网送电的主干线上接入分支线或变压器。

第五章 故障信息、在线监控等其他二次设备

一、二次安防

1. 电力二次系统网络安全面临哪些主要风险？

答：电力二次系统网络安全面临的主要风险见表 5-1。

表 5-1　　　　电力二次系统网络安全面临的主要风险

优先级	风　险	说明/举例
0	旁路控制（Bypassing Controls）	入侵者对发电厂、变电站发送非法控制命令，导致电力系统事故，甚至系统瓦解
1	完整性破坏（Integrity Violation）	非授权修改电力控制系统配置或程序；非授权修改电力交易中的敏感数据
2	违反授权（Authorization Violation）	电力控制系统工作人员利用授权身份或设备，执行非授权的操作
3	工作人员的随意行为（Indiscretion）	电力控制系统工作人员无意识地泄露口令等敏感信息，或不谨慎地配置访问控制规则等
4	拦截/篡改（Intercept/Alter）	拦截或篡改调度数据广域网传输中的控制命令、参数设置、交易报价等敏感数据
5	非法使用（Illegitimate Use）	非授权使用计算机或网络资源
6	信息泄露（Information Leakage）	口令、证书等敏感信息泄密
7	欺骗（Spoof）	Web 服务欺骗攻击；IP 欺骗攻击
8	伪装（Masquerade）	入侵者伪装合法身份，进入电力监控系统
9	拒绝服务（Availability, e.g. Denial of Service）	向电力调度数据网络或通信网关发送大量雪崩数据，造成拒绝服务
10	窃听（Eavesdropping, e.g. Data Confidentiality）	黑客在调度数据网或专线通道上搭线窃听明文传输的敏感信息，为后续攻击准备数据

2. 电力二次系统的安全防护有哪些目标和重点?

答:(1)电力二次系统安全防护的重点是抵御黑客、病毒等通过各种形式对系统发起的恶意破坏和攻击,能够抵御集团式攻击,重点保护电力实时闭环监控系统及调度数据网络的安全,防止由此引起电力系统故障。

(2)电力二次系统安全防护的目标:

1)防止通过外部边界发起的攻击和侵入,尤其是防止由攻击导致的一次系统的事故以及二次系统的崩溃。

2)防止未授权用户访问系统或非法获取信息和侵入以及重大的非法操作。

3. 电力二次系统的安全防护有哪些特点?

答:电力二次系统安全防护具有系统性和动态性的特点。

(1)电力二次系统是一个大系统,并且处在不断的变化和发展中,但其安全防护不能违反二次系统安全防护的基本原则。系统性原则不但要求在实施电力二次系统的各子系统的安全防护时不能违反电力二次系统的整体安全防护方案,同时也要求从技术和管理等多个方面共同注重安全防护工作的落实。

(2)螺旋上升的周期性原则表明安全工程的实施过程不是一蹴而就的,而是一个持续的、长期的"攻与防"的矛盾斗争过程。当前具体实施的安全防护措施单独从安全性的角度并不一定是最优的,但是要确保实施安全防护措施后系统的安全性必须得到加强。

4. 电力二次系统安全防护的基本原则是什么?

答:电力二次系统安全防护的基本原则为:

(1)系统性原则(木桶原理)。

(2)简单性原则。

(3)实时、连续、安全相统一的原则。

(4)需求、风险、代价相平衡的原则。

(5)实用与先进相结合的原则。

(6)方便与安全相统一的原则。

（7）全面防护、突出重点（实时闭环控制部分）的原则。

（8）分层分区、强化边界的原则。

（9）整体规划、分步实施的原则。

（10）责任到人、分级管理、联合防护的原则。

5. 电力二次系统安全防护策略有哪些?

答：电力二次系统的安全防护策略为：

（1）分区防护、突出重点。根据系统中的业务的重要性和对一次系统的影响程度进行分区，重点保护实时控制系统以及生产业务系统。

（2）所有系统都必须置于相应的安全区内，纳入统一的安全防护方案；不符合总体安全防护方案要求的系统必须整改。

（3）安全区隔离。采用各类强度的隔离装置使核心系统得到有效保护。

（4）网络隔离。在专用通道上建立电力调度专用数据网络，实现与其他数据网络物理隔离。并通过采用 MPLS–VPN 或 IPSEC–VPN 在专网上形成多个相互逻辑隔离的 VPN，实现多层次的保护。

（5）纵向防护。采用认证、加密等手段实现数据的远方安全传输。

6. 电力二次系统的安全区如何划分?

答：根据电力二次系统的特点、目前状况和安全要求，整个二次系统分为四个安全工作区，即实时控制区、非控制生产区、生产管理区、管理信息区，如图 5–1 所示。

（1）安全区 I 是实时控制区，是安全保护的重点与核心。凡是实时监控系统或具有实时监控功能的系统，其监控功能部分均应属于安全区 I。例如调度中心能量管理系统（EMS）和广域相量测量系统（WAMS）、配电自动化系统、变电站自动化系统、发电厂自动监控系统或火电厂的管理信息系统（SIS）中 AGC 功能等。其面向的使用者为调度员和运维操作人员，数据实时性为秒

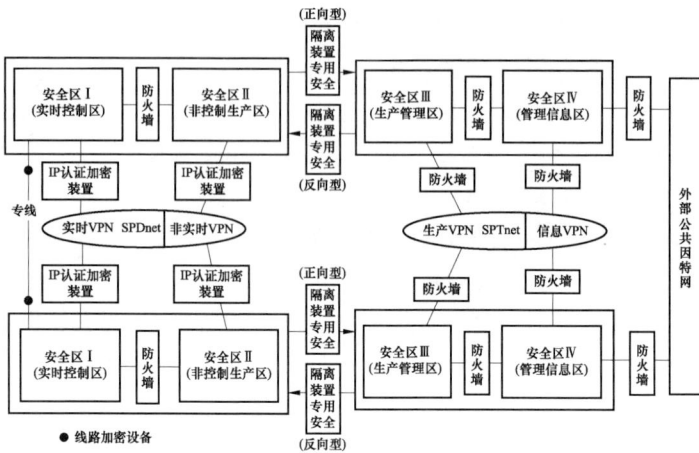

图 5-1 电力二次系统安全防护总体示意图

级，外部边界的通信均经由电力调度数据网（SPDnet）的实时虚拟专用网（VPN）。区中还包括采用专用通道的控制系统，如继电保护、安全自动控制系统、低频/低压自动减载系统、负荷控制系统等，这类系统对数据通信的实时性要求为毫秒级或秒级，是电力二次系统中最为重要系统，安全等级最高。

（2）安全区Ⅱ是非控制生产区。不具备控制功能的生产业务和批发交易业务系统，或者系统中不进行控制的部分均属于安全区Ⅱ。属于安全区Ⅱ的典型系统包括水调自动化系统、电能量计量系统、发电侧电力市场交易系统等。其面向的使用者为运行方式、运行计划工作人员及发电侧电力市场交易员等。数据的实时性是分钟级、小时级。该区的外部通信边界为 SPDnet 的非实时 VPN。

（3）安全区Ⅲ是生产管理区。该区包括进行生产管理的系统，典型的系统为雷电监测系统、气象信息接入等。本安全区内的生产系统采取安全防护措施后可以提供 Web 服务。该区的外部通信边界为电力数据通信网（SPTnet）。

（4）安全区Ⅳ是管理信息区。该区包括办公管理信息系统、客户服务等。该区的外部通信边界为 SPTnet 及因特网。该区必须具备必要的安全防护措施。

7. 电力二次业务系统置于安全区有哪些规则？

答：（1）根据该系统的实时性、使用者、功能、场所、在各业务系统的相互关系、广域网通信的方式以及受到攻击之后所产生的影响，将其分置于四个安全区之中。

（2）进行实时控制或未来可能有实时控制的功能或系统均需置于安全区Ⅰ。

（3）电力二次系统中不允许把本属于高安全区的业务系统迁移到低安全区。允许把属于低安全区的业务系统的终端设备放置于高安全区，由属于高安全区的人员使用。

（4）某些业务系统的次要功能与根据主要功能所选定的安全区不一致时，可把业务系统根据不同的功能模块分为若干子系统分置于各安全区中。各子系统经过安全区之间的通信来构成整个业务系统。

（5）自我封闭的业务系统为孤立业务系统，其划分规则不作要求，但需遵守所在安全区的安全防护规定。

（6）各电力二次系统原则上均应划分为四安全区，但并非四安全区都必须存在。一个电力二次系统某安全区不存在的条件：不仅其本身不存在该安全区的业务，而且与其他电网二次系统在该安全区不存在纵向互联。

8. 电力二次系统安全防护安全区之间的隔离有哪些要求？

答：在各安全区之间均需选择适当安全强度的隔离装置。具体隔离装置的选择不仅需要考虑网络安全的要求，还需要考虑带宽及实时性的要求。隔离装置必须是国产并经过国家或电力系统有关部门认证。

（1）安全区Ⅰ与安全区Ⅱ之间的隔离要求：允许采用经有关部门认定核准的硬件防火墙（禁止 E-mail、Web、Telnet、Rlogin 等访问）。

（2）安全区Ⅲ与安全区Ⅳ之间的隔离要求：Ⅲ、Ⅳ区之间应采用经有关部门认定核准的硬件防火墙隔离。

（3）安全区Ⅰ、Ⅱ与安全区Ⅲ、Ⅳ之间的隔离要求：安全区

Ⅰ、Ⅱ不得与安全区Ⅳ直接联系，安全区Ⅰ、Ⅱ与安全区Ⅲ之间必须采用经有关部门认定核准的专用隔离装置。

（4）专用隔离装置分为正向隔离装置和反向隔离装置。从安全区Ⅰ、Ⅱ往安全区Ⅲ单向传输信息须采用正向隔离装置，由安全区Ⅲ往安全区Ⅱ甚至安全区Ⅰ的单向数据传输必须采用反向隔离装置。反向隔离装置采取签名认证和数据过滤措施（禁止 E-Mail、Web、TELnet、Rlogin 等访问）。

9. 电力二次系统安全防护安全区与远方通信的安全防护有哪些要求？

答：（1）安全区Ⅰ、Ⅱ所连接的广域网为国家电力调度数据网（SPDnet）。对采用 MPLS-VPN 技术的 SPDnet，为安全区Ⅰ、Ⅱ分别提供两个逻辑隔离的 MPLS-VPN。对不具备 MPLS-VPN 的某些省、地区调度数据网络，可通过 IPSec 构造 VPN 子网。SPDnet 的 VPN 子网和一般子网可为安全区Ⅰ、Ⅱ分别提供两个逻辑隔离的子网。安全区Ⅲ所连接的广域网为国家电力数据通信网（SPTnet），SPDnet 与 SPTnet 物理隔离。

（2）安全区Ⅰ、Ⅱ接入 SPDnet 时，应配置 IP 认证加密装置，实现网络层双向身份认证、数据加密和访问控制。如暂时不具备条件或业务无此项要求，可以用硬件防火墙代替。

（3）安全区Ⅲ接入 SPTnet 应配置硬件防火墙。

（4）处于外部网络边界的通信网关（如通信服务器等）操作系统应进行安全加固，对Ⅰ、Ⅱ区的外部通信网关建议配置数字证书。

（5）传统的远动通道的通信目前暂不考虑网络安全问题。个别关键厂站的远动通道的通信可采用线路加密器，但需由上级部门认可。

（6）经 SPDnet 的 RTU 网络通道原则上不考虑传输中的认证加密。个别关键厂站的 RTU 网络通信可采用认证加密，但需由上级部门认可。

（7）禁止安全区Ⅰ的纵向 Web。

10. 电力二次系统各安全区内部安全防护有哪些基本要求？

答：（1）禁止安全区Ⅰ和安全区Ⅱ内部的 E-Mail 服务。

（2）禁止安全区Ⅰ内部和纵向的 Web 服务。

（3）禁止跨安全区的 E-Mail、Web 服务。

（4）对安全区Ⅰ及安全区Ⅱ的要求：

1）允许安全区Ⅱ内部 Web 服务，但 Web 浏览工作站与Ⅱ区业务系统工作站不得共用。

2）允许安全区Ⅱ纵向（即上下级间）Web 服务，但必须安全区内的业务系统向 Web 服务器单向主动传送数据。

3）安全区Ⅰ/安全区Ⅱ的重要业务（如 SCADA、电力交易）应该采用认证加密机制。

4）安全区Ⅰ/安全区Ⅱ内的相关系统间必须采取访问控制等安全措施。

5）安全区Ⅰ/安全区Ⅱ的拨号访问服务必须采取认证、加密、访问控制等安全防护措施。

6）安全区Ⅰ/安全区Ⅱ的系统应该部署安全审计措施，如 IDS 等。

7）安全区Ⅰ/安全区Ⅱ的系统必须采取防恶意代码措施。

（5）对安全区Ⅲ要求：

1）安全区Ⅲ允许开通 E-Mail、Web 服务。

2）安全区Ⅲ的拨号访问服务必须采取访问控制等安全防护措施。

3）安全区Ⅲ的系统应该部署安全审计措施，如 IDS 等。

4）安全区Ⅲ的系统必须采取防恶意代码措施。

11. 电力数据通信网络有哪些安全防护？

答：电力二次系统涉及的数据通信网络包括：电力调度数据网（SPDnet），国家电力数据通信网（SPTnet）。

（1）电力调度数据网络（SPDnet）的安全防护。

1）与其他网络的隔离。SPDnet 是专用网络，承载业务是电力实时控制业务、在线生产业务、与网管业务。SPDnet 构建在专用

SDH/PDH 的 $n×2$Mbit/s 通道上面，并且接入网络的安全区Ⅰ/Ⅱ的相关系统在本地与安全区Ⅲ/Ⅳ的系统实行了物理隔离措施，因此整个网络与外界其他网络实现了物理隔离。

2）网络路由防护。采用 MPLS VPN 技术，将实时调度业务、非实时调度业务、网管业务分割成三个相对独立的逻辑专网，独立的路由，在网络路由层面不能互通。其中实时 VPN 保证了实时业务的路由独立性以及网络服务质量 QoS。同时，对路由器之间的路由信息交换进行 MD5 签名，保证信息的完整性与可信性。

3）网络边界防护。网络边界防护主要措施包括：① 边界的封闭性，即网络接入点是有限的、明确的，与外部系统不存在隐藏的连接；② 边界的可信性，即通过边界接入的网络设备是可信任的，考虑结合基于 IEEE 802.1X 与数字证书来实现接入认证；③ 实施在所有网络边界接入点的安全措施应该提供一致的安全强度。

4）运行安全。对网络设备运行管理采取必要的安全措施，保证运行安全。方法有：① 关闭或限定网络服务；② 禁止缺省口令登录；③ 避免使用默认路由；④ 网络边界关闭 OSPF 路由功能；⑤ 采用安全增强的 SNMPv2 及以上版本的网管系统。

（2）国家电力数据通信网（SPTnet）的安全防护。

1）SPTnet 为国家电网公司内联网，技术体制为 IP over SDH，主干速率 155Mbit/s，该网承载业务主要为电力综合信息、电力调度生产管理业务、电力内部 IP 语音视频以及网管业务，该网不经营对外业务。

2）SPTnet 使用私有 IP 地址，与 Internet 以及其他外部网络没有直接的网络连接。对应电力综合信息、电力调度生产管理业务、电力内部 IP 语音视频三类业务，SPTnet 采用 MPLS-VPN 技术构造调度 VPN、信息 VPN、语音视频 VPN 三个 VPN，三类业务分别通过专用的接入路由器接入各自 VPN。对于厂站接入本处不作统一要求。

12. 电力二次系统需要哪些备份？

答：（1）数据与系统备份。对关键应用的数据与应用系统进行备份，确保数据损坏、系统崩溃情况下快速恢复数据与系统的可用性。

（2）设备备用。对关键主机设备、网络的设备与部件进行相应的热备份与冷备份，避免单点故障影响系统可靠性。

（3）异地容灾。对实时控制系统、电力市场交易系统，在具备条件的前提下进行异地的数据与系统备份，提供系统级容灾功能，保证在规模灾难情况下，保持系统业务的连续性。

13. 如何采取病毒防护措施？

答：病毒防护是调度系统与网络必需的安全措施。建议病毒的防护应该覆盖所有安全区Ⅰ、Ⅱ、Ⅲ的主机与工作站。病毒特征码要求必须以离线的方式及时更新。

14. 如何设立防火墙？

答：防火墙可以部署在安全区Ⅰ与安全区Ⅱ之间（横向），实现两个区域的逻辑隔离、报文过滤、访问控制等功能。对于调度数据专网条件不完善的地方，还需要考虑在调度数据接入处部署（纵向），以保证本地调度系统的安全。

15. 入侵检测系统（IDS）有哪些主要功能？

答：IDS 系统的主要功能包括：实时检测入侵行为和事后安全审计。

16. 根据技术原理，入侵检测系统（IDS）可分为哪几类？

答：根据技术原理，IDS 可分为以下两类：基于网络的入侵检测系统（NIDS）和基于主机的入侵检测系统（HIDS）。

17. 电力二次系统应如何部署入侵检测系统（IDS）？

答：对于安全区Ⅰ与Ⅱ，建议统一部署一套 IDS 管理系统。

考虑到调度业务的可靠性，采用基于网络的入侵检测系统（NIDS），其 IDS 探头主要部署在：安全区Ⅰ与Ⅱ的边界点、SPDnet 的接入点、安全区Ⅰ与Ⅱ内的关键应用网段。其主要的功能用于捕获网络异常行为，分析潜在风险，以及安全审计。

对于安全区Ⅲ，禁止使用安全区Ⅰ与Ⅱ的 IDS，建议与安全区Ⅳ的 IDS 系统统一规划部署。

18. 主机安全防护的方式有哪些?

答：主机安全防护主要的方式包括安全配置、安全补丁、安全主机加固。

19. 调度系统数字证书的类型及应用对象有哪些?

答：调度系统数字证书类型包括人员证书、程序证书和设备证书。

人员证书：主要用于用户登录网络与操作系统、登录应用系统以及访问应用资源、执行应用操作命令时对用户的身份进行认证，与其他实体通信过程中的认证、加密与签名，以及行为审计。

程序证书：主要用于应用程序与远程程序进行安全的数据通信，提供双方之间的认证、数据的加密与签名功能。建议的应用方式为通信网关中的通信进程之间的安全通信。

设备证书：主要用于本地设备接入认证、远程通信实体之间的认证，以及实体之间通信过程的数据加密与签名。

20. 电力专用安全隔离装置有哪些? 有什么功能?

答：电力专用安全隔离装置包括专用安全隔离装置（正向）和专用安全隔离装置（正向）。专用安全隔离装置（正向）用于安全区Ⅰ/Ⅱ到安全区Ⅲ的单向数据传递；专用安全隔离装置（反向）用于安全区Ⅲ到安全区Ⅰ/Ⅱ的单向数据传递。

（1）专用安全隔离装置（正向）具有如下功能：

1）实现两个安全区之间的非网络方式的安全的数据交换，并且保证安全隔离装置内外两个处理系统不同时连通。

2）表示层与应用层数据完全单向传输，即从安全区Ⅲ到安全区Ⅰ/Ⅱ的 TCP 应答禁止携带应用数据。

3）透明工作方式：虚拟主机 IP 地址、隐藏 MAC 地址。

4）基于 MAC、IP、传输协议、传输端口以及通信方向的综合报文过滤与访问控制。

5）支持 NAT。

6）防止穿透性 TCP 连接：禁止两个应用网关之间直接建立 TCP 连接，应将内外两个应用网关之间的 TCP 连接分解成内外两个应用网关分别到隔离装置内外两个网卡的两个 TCP 虚拟连接。隔离装置内外两个网卡在装置内部是非网络连接，且只允许数据单向传输。

7）具有可定制的应用层解析功能，支持应用层特殊标记识别。

8）安全、方便的维护管理方式：基于证书的管理人员认证，图形化的管理界面。

（2）专用安全隔离装置（反向）具有如下功能：

1）具有应用网关功能，实现应用数据的接收与转发。

2）具有应用数据内容有效性检查功能。

3）具有基于数字证书的数据签名/解签名功能。

4）实现两个安全区之间的非网络方式的安全的数据传递。

5）支持透明工作方式：虚拟主机 IP 地址、隐藏 MAC 地址。

6）支持 NAT。

7）基于 MAC、IP、传输协议、传输端口以及通信方向的综合报文过滤与访问控制。

8）防止穿透性 TCP 连接。

21. 专用安全隔离装置安全性要求有哪些?

答: 专用安全隔离装置本身应该具有较高的安全防护能力，其安全性要求主要包括:

（1）采用非 INTEL 指令系统的（及兼容）微处理器。

（2）安全、固化的操作系统。

（3）不存在设计与实现上的安全漏洞。

（4）抵御除 DOS 以外的已知的网络攻击。

22. IP 认证加密装置有哪些要求？

答：（1）安全功能要求：

1）IP 认证加密装置之间支持基于数字证书的认证。

2）对传输的数据通过数据签名与加密进行数据真实性、机密性、完整性保护。

3）支持透明工作方式与网关工作方式。

4）具有基于 IP、传输协议、应用端口号的综合报文过滤与访问控制功能。

5）采用"Agent"技术，实现装置之间智能协调，动态调整安全策略。

6）性能要求：10Mbit/s/100Mbit/s 线速转发，支持 100 个并发会话。

（2）安全保障要求：

1）安全操作系统内核、非 Intel 指令集。

2）不存在设计与实现上的安全漏洞。

3）抵御除 DOS 以外的已知的网络攻击。

4）可安全管理。

23. 在电力调度数据网 SPDnet 中，Web 服务有哪些形式？

答：在安全区Ⅰ、Ⅱ，以及电力调度数据网 SPDnet 中，Web 服务可以分为两种形式：横向浏览与纵向浏览。

（1）横向 Web 浏览指跨越不同安全区的浏览，例如 Web 服务器位于安全区Ⅰ，而客户端浏览器位于安全区Ⅱ。

（2）纵向 Web 浏览指各级同安全区之间的 Web 浏览，例如 Web 服务器位于省调级安全区Ⅱ，而客户端浏览器位于地调级安全区Ⅱ。

24. 如何进行 Web 服务防护？

答：（1）安全区Ⅰ的 Web 服务。从业务需求上，安全区Ⅰ有为其他系统提供数据的需求，同时 Web 服务又是目前发布数据的很好的方式。但是，由于安全区Ⅰ是整个二次系统的防护重点，其向安全区Ⅱ以及整个 SPDnet 提供 Web 服务将引入很大的安全风险。因此在安全区Ⅰ中取消 Web 服务，将数据以数据交换的方式导入安全区Ⅱ，在安全区Ⅱ中进行数据发布。同时，禁止安全区Ⅰ中的计算机使用浏览器访问安全区Ⅱ的 Web 服务。

（2）安全区Ⅱ的 Web 服务。安全区Ⅱ中的 Web 服务将是安全区Ⅰ与Ⅱ的统一的数据发布与查询窗口。考虑到目前 Web 服务的不安全性，以及安全区Ⅱ的 Web 服务需要向整个 SPDnet 开放，因此在安全区Ⅱ中将用于 Web 服务的服务器与浏览器客户机统一布置在安全区Ⅱ中的一个逻辑子区——Web 服务子区，置于安全区Ⅱ的接入交换机上的独立 VLAN 中。并且，Web 服务器采用安全 Web 服务器，即经过主机安全加固的，支持 HTTPS 的 Web 服务器，能够对浏览器客户端进行基于数字证书的身份认证以及应用数据加密传输。

需要在 Web 服务子区开展安全 Web 服务的应用限于：电力市场交易系统、DTS 系统。

25. 如何进行计算机系统本地访问控制？

答：（1）技术措施。结合用户数字证书，对用户登录本地操作系统、访问操作系统资源等操作进行身份认证，根据身份与权限进行访问控制，并且对操作行为进行安全审计。

（2）使用方式。当用户需要登录系统时，系统通过相应接口（如 USB、读卡器）连接用户的证书介质，读取证书，进行身份认证。通过认证后，进入常规的系统登录程序。

（3）应用目标。对于调度端安全区Ⅰ中的 SCADA/EMS 系统、安全区Ⅱ中的电力市场交易系统、厂站端的控制系统要求采用本地访问控制手段进行保护。

26. 如何进行远程拨号访问防护？

答：（1）防护策略。

1）远程用户与工作站与系统本地具有相同的安全信任度与防护级别。

2）远程用户与工作站的安全防护是前提。

3）在拨号连接建立过程中对拨号实体（用户或者设备）进行基于数字证书的身份认证，通过后才可以建立网络层的连接。

4）对通信过程中的认证信息与应用数据进行完整性、机密性保护。

5）对授权的用户进行合理的权限限制，在经过认证的连接上应该仅能够行使受限的网络功能与应用。

6）防护措施应该对用户操作、应用性能以及便携程度产生尽量小的影响。

（2）防护措施。拨号的防护可以采用链路层保护措施，或者网络层保护措施。

1）对于以远方终端的方式通过被访问的本地主机的 RS-232 接口直接访问本地主机的情况，采用链路层保护措施，即在两端安装链路加密设备。该方式主要用于安全区Ⅰ的远程拨号访问。

2）对于以拨号网络的方式通过 RAS 访问本地网络与系统的远程访问，建议采用网络层保护措施，即采用用户端证书与拨号认证加密装置配合的拨号 VPN。该方式主要用于安全区Ⅱ/Ⅲ的远程拨号访问。

27. 在二次安全防护中，如何理解线路加密？

答：线路加密设备可用于传统专线 RTU、保护装置、安控装置通道上数据的加密保护，防止搭线篡改数据。要求该设备具有一定强度的对称加密功能。

建议新开发的专线 RTU、保护装置、安控装置，内置安全加密功能。

28. 在二次安全防护中，如何理解安全"蜜罐"？

答：应用"主动防御"思想，在安全区Ⅱ中的 Web 子区中，设置"安全蜜罐"，迷惑攻击者，配合安全审计，收集攻击者相关信息。

29. 应用程序有哪些安全防护措施?

答：禁止应用程序以操作系统 root 权限运行，应用系统合理设置用户权限，重要资源的访问与操作要求进行身份认证与审计，用户口令不得以明文方式出现在程序及配置文件中。

30. 如何进行关键应用系统服务器安全增强?

答：（1）对于新开发的关键应用系统，要求本身实现基于数字证书的身份认证、授权管理、访问控制、数据通信的加密与签名，以及行为审计功能。

（2）对于原有关键应用系统，可以进行适当安全改造，或者采用安全服务代理的方式进行安全增强。

31. 电力调度系统哪些关键应用系统服务器需要安全增强?

答：电力调度系统中需要安全增强的关键应用服务器有：安全区Ⅰ中的数据采集与监控（SCADA）系统应用服务器和安全区Ⅱ中的电力市场交易系统应用服务器。

32. 如何进行安全审计?

答：目前的安全审计工作大多是手工方式。随着系统规模扩展与安全设施的完善，应该引入集中智能的安全审计系统，通过技术手段，对网络运行日志、操作系统运行日志、数据库访问日志、业务应用系统运行日志、安全设施运行日志等进行统一安全审计，及时自动分析系统安全事件，实现系统安全运行管理。

33. 如何建立完善的安全管理组织机构?

答：（1）建立完善的安全分级负责制。

1）本着"谁主管，谁负责"和"谁经营，谁负责"的原则，落实电力二次系统的各级、各单位的安全责任。

2）各级电力调度机构负责本地电力监控系统及本级电力调度

数据网络的安全管理。

3）各电网、发电厂、变电站等负责所属范围内计算机及信息网络的安全管理。

4）各相关单位应设置电力监控系统和调度数据网络的安全防护小组或专职人员。

（2）明确各级的人员的安全职责。

1）各调度机构、发电厂、变电站的主要负责人为该单位所管辖的电力二次系统的安全防护第一责任人。其安全职责为：① 负责组织有关人员建立本单位所管辖的电力二次系统的安全防护体系；② 经常检查本部门的电力二次系统的安全防护的执行情况、审计结果，定期组织有关人员对系统进行安全评估，并及时向上级主管部门报告；③ 负责组织有关人员对本部门发生的安全事故进行认真分析并及时报告。

2）各调度机构、发电厂、变电站应该指定专人负责管理本单位所属电力二次系统的公共安全设施。其职责为：① 参与本单位所管辖的电力二次系统的安全防护体系的建立；② 负责本单位（调度中心、电厂、变电站）电力二次系各个安全区的横向边界和纵向边界部署的安全产品（安全隔离装置、IP 认证加密装置、拨号认证加密装置、防火墙等）的日常运行和维护；③ 负责对部署的各个安全产品的安全策略的设置和调整，定期对安全产品的日志进行审计并写出报告，定期对所管理的电力二次专业系统进行安全检测并做出安全分析报告上交本部门主管；④ 负责及时处理本单位所管辖的电力二次系统发生的安全事故；⑤ 担负本单位基本安全知识的咨询责任。

3）各个电力二次专业应用系统应该指定专人负责该系统的安全管理。其职责为：① 负责该应用系统已部署的安全产品的安全策略的设置和调整，对该产品日常运行进行精心的维护；② 定期对安全产品的日志进行审计；③ 精心观察和分析该系统的安全状况，并及时上报本单位的安全负责人。

4）指定专人负责管理本单位或本部门的电力二次系统的数字证书管理系统。其职责为：① 使用数字证书管理系统进行数字证书的申请、生成、发放和撤销；② 精心维护数字证书管理系统，保证系统的安全、可靠、稳定运行；③ 精心保护证书管理系统的数字证书，保证不遗失；④ 参照国家对涉密设备的有关规定，建立有效的数字证书的管理制度。

5）本部门电力二次专业系统的一般工作人员的安全职责：保护本人的口令、数字证书等安全设施，一旦泄露或丢失，应该立即报告。

34. 如何进行安全评估的管理？

答：（1）安全评估必须聘请经过有关机构认证具有资质的单位进行。

（2）安全评估的内容包括：风险评估、攻击演习、漏洞扫描、安全体系的评估、安全设备的部署及性能评估、安全管理措施的评估。

（3）安全评估过程的任何记录、数据、结果均不容许携带出被评估单位。

35. 如何进行安全策略的管理？

答：（1）对新建的电力二次系统必须在建设过程中进行风险评估，并根据评估结果制订安全策略。

（2）对已投运且已建立安全体系的系统定期进行漏洞扫描，以便及时发现系统的安全漏洞。

（3）对安全体系的各种日志（如入侵检测日志等）审计结果进行认真研究，以发现系统的安全漏洞。

（4）定期分析本系统的安全风险及漏洞，分析当前黑客非法入侵的特点，根据分析及时调整安全策略。

36. 电力二次系统工程如何进行安全管理？

答：（1）新建的电力二次系统工程的设计必须符合国家、行业的有关安全防护的标准、法规、法令、规定、导则等。

（2）电力二次系统各相关设备及系统的供应商必须承诺：所

提供的设备及系统中不包含任何安全隐患，并在设备及系统的生命期（自交付至退役为止）内承担由此引起的连带责任。

（3）新接入电力调度数据网络的节点、设备和应用系统，须经负责本级电力调度数据网络机构核准，并送上一级电力调度机构备案。

（4）电力二次系统的安全防护方案必须经过上级主管单位的审查、批准，完工后必须经过上级有关部门验收。

（5）电力二次系统安全防护方案的实施必须严格遵守国家经济贸易委员会 30 号令《电网和电厂计算机监控系统及调度数据网络安全防护规定》的有关规定，保证部署的安全装置的可用性指标达到 99.99%。

（6）任何电力二次专业系统在投运前必须进行安全评估。

37. 电力二次专业设备、应用及服务的接入应如何管理？

答：（1）在已经配置安全体系的电力二次系统中接入任何新的设备和应用及服务，均必须立案申请，经过本单位的安全管理员以及本单位的主管的审查批准后，方可在安全管理员的监管下实施接入。

（2）电力二次专业系统的安全区 Ⅰ 及安全区 Ⅱ 中的工作站、服务器原则上不得开通拨号功能；若确需开通拨号服务，必须配置强认证机制，否则该应用必须与安全区 Ⅰ 及安全区 Ⅱ 彻底隔离。

（3）在所有电力二次专业系统的安全区 Ⅰ 及安全区 Ⅱ 中的任何工作站、服务器均严格禁止以各种方式开通与互联网、其他安全区及任何外部网络的连接。安全管理员负责监督检查本单位的实施情况。

（4）电力二次专业系统的安全区 Ⅰ 及安全区 Ⅱ 中的 PC 机及其他微机原则上应该将软盘驱动、光盘驱动、USB 接口拆除，以防止病毒的传播。安全管理员负责监督检查本单位的实施情况。若个别 PC 机确有必要插接 USB-key，应该严格管理。

（5）接入电力二次系统的安全区 Ⅰ 及安全区 Ⅱ 中的通用安全产品必须使用经过国家有关安全部门认证的国产产品；接入电力二

次系统的专用安全产品必须使用国产产品并经过有关的电力主管部门的认证。应该优先选用经过有关电力主管部门推荐的优秀安全产品。

38. 电力二次系统需要建立哪些日常安全管理制度？

答： 电力二次系统需要建立的日常安全管理制度为：

（1）电力二次专业系统机房及重要场所的门禁制度。

（2）电力二次专业系统维护管理制度，包括机房、主机系统、网络系统、各种安全隔离装置（防火墙、安全隔离装置等）、入侵检测系统、防病毒系统、应用系统等的维护管理制度。

（3）安全防护岗位职责制度。

（4）电力二次专业系统备份与恢复管理制度。

（5）安全评估安全审计管理制度。

（6）职工定期安全培训制度。

（7）数字证书管理制度。

39. 电力二次系统运行如何进行安全管理？

答： 电力二次系统运行的安全管理工作如下：

（1）人员管理。明确各级人员的安全职责，经常进行安全防护培训，定期检查各级人员安全职责的实施情况。

（2）权限管理。针对不同的电力二次专业系统，对不同的用户实体、不同的使用人员赋予相应的访问权限和操作权限。

（3）访问控制管理。操作人员登录进入关键的业务系统（如SCADA 系统、电力交易系统）应持有数字证书。对关键的控制操作应该进行身份认证及操作权限控制。

（4）安全防护系统的维护管理。在电力二次系统的各个安全区分别设立安全防护系统的软硬结合的维护机制，负责采集有关各个安全装置的日志记录、状态，并进行综合处理，以便及时发现安全事故、非法入侵、安全漏洞以及安全装置的故障。

（5）常规设备及各系统的维护管理。在保证电力二次系统的正常运行的前提下，为了加强系统的安全和及时妥善的处理安全故障，应该：① 对常规设备及各系统的安全漏洞及时进行防护或加固；② 充分准备各个设备及各系统的维护资料及维护工具；③ 充分准备设备及各系统故障处理的预案以及故障恢复所需的各种备份，并经常进行预演；④ 及时了解相关系统软件（操作系统、数据库系统、各种工具软件）漏洞发布信息，及时获得补救措施或软件补丁对软件进行加固；⑤ 一旦出现安全故障应该及时报告、保护现场、恢复系统。

（6）恶意代码（病毒及木马等）的防护。

1）在各个电力二次系统（各调度中心、各厂站）的安全区Ⅱ的 Web 服务器上设立专门的页面，向有关人员发布病毒及黑客攻击的敌情报告，以及最新的病毒库和相应的升级的防病毒软件，以及各个公用系统软件（操作系统、数据库系统、工具软件等）的漏洞报告及相应的软件补丁。

2）在单位内部及时发布新病毒的敌情报告以及相应的升级的防病毒软件。

3）及时在本单位的电力二次系统部署升级的防病毒软件，并检查该软件的检、杀病毒的情况。

4）及时向上级报告新病毒入侵造成的损失情况。

（7）审计管理。

1）系统（包括操作系统、数据库系统、应用系统、网络系统等）日志维护：对与安全有关的所有操作人员及维护人员的操作以及系统信息（包括各个系统输出的日志记录、告警、报错等）进行记录。该日志记录只能由具有许可授权的安全管理人员进行管理（查询、读取、删除），并及时进行审计和分析，以发现系统的安全漏洞及内部人员的违规操作，并采取相应的措施。

2）入侵检测系统日志的维护：① 认真保存入侵检测系统的日志；② 定时分析日志，检查各种违规行动以及黑客的攻击行为，并以此为据制订相应的安全防护措施；③ 根据目前黑客攻击的新手段，修改入侵检测系统的安全策略，以保证最大限度地记录和审计各种违规行为。

3）对防火墙、路由器、交换器等其他网络装置和安全装置的日志也应进行与入侵检测系统日志同样的管理。

（8）数据及系统的备份管理。

1）数据备份。电力二次专业系统的实时数据库以及历史数据库必须定期进行备份，备份的数据必须存储在可靠的介质中并与系统分开存放；并制订详尽的使用数据备份，进行数据库由各种故障情况恢复的预案，并进行预练。

2）运行环境与应用软件的备份。① 电力二次专业系统的计算机操作系统、应用系统要有存储在可靠介质的全备份，软件以及计算机和网络设备的配置和设置的全部参数及也必须进行备份；与系统安装和恢复相关的软硬件、资料、机柜钥匙等必须放置在安全的地方。② 制订完善的可靠的针对系统各种故障状态使用备份进行系统快速恢复的方案。方案必须经过充分的测试，以保证实施的完全可靠。

（9）用户口令及数字证书的管理。

1）口令的管理。① 人员的登录名及口令设立必须按照规定流程进行相应审批；② 人员的登录名及口令应该具有足够的长度和复杂度，及时更新；③ 系统的超级管理员的登录名及口令必须由专人保管和修改，严格限定使用范围；④ 用户丢失或遗忘登录名及口令，必须通过规定的流程向管理员申请新的登录名及口令；⑤ 用户调离单位后，管理员必须立即注销其登录名并取消其相应的权限。

2）数字证书的管理。① 必须设立专职人员使用专用设备对数字证书进行管理（注册证书、分发证书、撤销证书、使用证书）；② 数字证书中的有关信息一旦失效，应该将证书及时撤销；③ 数字证书持有人必须妥善保护证书，不容许转借他人，遗失后必须立即报告；如果由此造成严重后果，必须按有关规定严肃处理；④ 建立可靠的数字证书丢失之后的注销机制；⑤ 建立定期更新数字证书的机制。

40. 如何进行电力二次系统安全防护应急处理？

答：各电力二次系统必须制订应急处理方案，并必须经过预演或模拟验证。

（1）一旦出现安全事故（遭到黑客、病毒攻击和其他人为破坏），必须立即采取安全应急措施，及时向管辖本单位的电力调度机构和本地信息安全主管部门报告，并进行事故现场的保护，认真进行事故的分析。

（2）发现系统正被黑客攻击的维护：一旦发现攻击应该按照按预先制订的应急方案进行处理。根据不同情况分别采用加强保护、中断对方连接、反跟踪以及其他处理措施。

（3）灾难恢复维护：当系统因自然或人为的原因遭到破坏，应当按照预先制订的应急方案实施系统恢复，可采用立即完全恢复或部分恢复或启用备份系统恢复（保护现场）等措施。

二、信息子站

1. 信息子站系统的构成有哪些?

答：信息子站系统的构成至少包括子站主机和网络交换机，并可根据实际情况配置子站维护工作站、数据存储设备、通信管理设备、网络隔离设备、对时接口设备、打印机输出设备、光纤收发器、光电转换器及其他接口设备和附属设备等。

2. 信息子站系统应采用哪种组屏方式?

答：故障信息子站系统组屏方式：信息子站系统主机（含后台管理机）独立组屏，通信柜应按继电器室数量配置，通信柜上安装交换机、串口服务器及相关的接口设备。

3. 信息子站系统有哪些功能?

答：（1）监视子站系统所连接的装置的运行工况及装置与子站系统的通信状态，监视与主站系统的通信状态。

（2）完整地接收并保存子站系统所连接的装置在电网发生故障时的动作信息，包括保护装置动作后产生的事件信息和故障录波报告。

（3）可响应主站系统召唤，将子站系统的配置信息传送到主站系统。能够根据主站系统的信息调用命令上送子站系统详细的信息，也可根据主站的命令访问连接到子站系统上的各个装置。

（4）可对保护装置和故障录波器的动作信息进行智能化处理，包括信息过滤、信息分类及存储。

（5）可以向站内自动化系统（监控系统）传送保护装置动作信息，宜采用 IEC 60870-5-103 规约。

（6）遵循信息处理系统主-子站系统相关通信接口规范，向主站传送信息，并保证传送的信息内容与对应的接入设备内信息内容保持一致。

（7）子站维护工作站应能以图形化方式显示子站系统信息，并提供友好的人机交互界面，用于现场调试。

（8）在总线型网络轮询方式下，子站系统应采取一定的手段保证保护事件的及时收取，并在最短时间送到监控系统，以满足监控系统的实时性要求。

4. 信息子站系统外部接口应遵循哪些原则?

答：信息子站系统外部接口应遵循下列原则：

（1）为了减少信息传送环节，提高系统的可靠性，子站系统与所有保护装置和故障录波器应采用直接连接方式，不宜经过保护管理机转接。

（2）为提高抗干扰能力，在适应保护提供的接口基础上，优先采用光纤连接方式。

（3）任一套接入的设备退出或发生故障不影响子站系统与其他设备的正常通信。

（4）接入新的设备应不改变现存的网络结构，不需改动其他设备的参数设置。

（5）能适应各种类型的接入设备的通信速率。

（6）与网络型设备的接口。

1）所有网络型设备接入子站系统时宜使用变电站内部网络地址，通过逻辑隔离措施接入到子站主机的单独网卡上。

2）同一通信规约的网络型设备可以先适当连接成网，然后连接到子站系统。

（7）与串口型设备的接口。

1）可通过子站主机自身提供的串口或经串口服务器扩展的串口以 RS–232 或 RS–485 方式与保护装置或故障录波器相连。

2）由于采用 RS–485 总线形式通信的规约一般都是轮询方式工作，为保证通信质量和实时性，每个 RS–485 通信口接入的设备数量不宜超过 8 个。

3）与监控系统的接口。建议优先采用保护装置直接向监控系统发送信息的方式。当需子站系统向监控系统转发保护信息时，子站系统与监控系统之间通过以太网或串口连接，优先采用以太网连接。

（8）对外传输通道的接口。子站系统应能支持同时向不少于 4个主站系统传送信息。

（9）与外部硬接点接口。子站系统应具备开入开出接口。在需要时接入外部硬接点，开入信号直流电源应由子站系统自身提供，开出应为空接点。

（10）与子站维护工作站的接口。子站主机与维护工作站通过以太网直接连接。维护工作站仅与子站系统连接，不与站内外其他设备有通信连接。与故障录波器的接口子站系统与故障录波器通过以太网或者串口连接，推荐采用以太网。多台录波器单独组网，不与保护装置共网。

5. 信息子站系统有哪些信息来源？

答：信息子站系统信息来源有：

（1）保护装置信息。包括保护装置通信状态、保护模拟量、开关量、压板投切状态、异常告警信息、保护定值区号及定值、动作事件及参数、保护录波、保护上送的故障简报等数据。

（2）故障录波器信息。包括录波文件列表、录波文件、录波器工作状态和录波器定值。

6. 信息子站系统数据的存储应满足哪些要求？

答：信息子站系统的数据存储能力应能保证在主子站通信短时中断时，不丢失任何数据，包括连续发生的故障数据不丢失；通信长时间中断时，重要事件不丢失，存储时间至少为 7 天。

7. 如何确保信息子站系统的安全性？

答：从以下三个方面确保信息子站系统的安全性：

（1）独立的子站系统在安全区划分上属于安全Ⅱ区，当它与安全Ⅰ区的各应用系统（如监控系统等）之间网络互联时应实施逻辑隔离。对于采用与监控系统一体化设计的保护故障信息处理系统子站，安全防护级别采用就高不就低原则，按安全Ⅰ区防护。

（2）子站主机应采用安全的嵌入式操作系统。嵌入式继电保护故障信息子站系统可以直接接入到数据网。以 Windows 为操作系统的工控机子站系统接入子站时需满足数据网关于安全防护的规定。

（3）子站维护工作站应具有严格的权限管理，支持用户按照需要设置具有不同权限的用户及用户组。所有的登录、查询、召唤、配置等功能都需有相应权限才能执行。

8. 信息子站装置上电需要注意哪些事项？

答：新装置接入必须用万用表测量直流、交流是否符合图纸要求，确定后方可上电。更换旧装置需要注意装置电源，直流正、负必须分清，确定正确方可上电。

9. 信息子站与保护装置采用串口接线通信时需要注意哪些事项？

答：故障信息系统子站与串口保护通信接线时，收、发、地三芯线不能出现短路现象，以免造成保护串口通信口损坏。

三、故障录波器

1. 评价故障录波装置录波完好的标准是什么？

答：依据 DL/T 623—2010《电力系统继电保护及安全自动装

置运行评价规程》，评价录波完好标准如下：故障录波记录时间与故障时间吻合、数据准确、波形清晰完整、标记正确、开关量清楚、与故障过程相符、上报及时、可作为故障分析的依据。

2. 评价交流故障录波器性能的常用指标有哪些？

答：（1）采样速率。采样速率的高低决定了录波器对高次谐波的记录能力，标准规定不低于 5kHz，工程中一般使用 3200Hz，即每周波采样 64 点。

（2）A/D 转换器位数。A/D 转换器的位数决定了录波器记录数据的准确度。

3. 直流故障录波器装置入网时需要检测哪些项目？

答：（1）结构尺寸和外观检查：包括机箱尺寸、插件尺寸、表面电镀和涂覆、配线端子、接地、标识等项目。

（2）满足气候环境要求：高温运行试验、低温运行试验、高温存储试验、低温存储试验、温度变化试验、恒定湿热试验、交变湿热试验等。

（3）满足电磁兼容要求：发射试验和抗挠度试验。

（4）直流电源试验：直流电源电压跌落、直流电源电压中断、直流电源中的交流分量。

（5）功率消耗、准确度和变差、过载能力、连续通电。

（6）绝缘试验：冲击电压、介质强度、绝缘电阻。

（7）机械要求：振动响应、振动耐久、冲击响应、冲击耐受、碰撞。

（8）外壳、时钟同步、测量接口、网络接口、通信规约、装置自检能力、零漂、采样速率等项目。

4. 直流故障录波器装置有哪些启动方式？

答：（1）内部自启动，包括：

1）交流电压越限。

正序电压越限：$U_1 \leq 90\%U_n$ 或 $U_1 \geq 110\%U_n$，要求动作值误差

不大于 5%。

负序电压越限：$U_2 \geqslant 3\% U_n$，要求动作值误差不大于 10%。

零序电压越限：$U_0 \geqslant 2\% U_n$，要求动作值误差不大于 10%。

当 $U_1 \leqslant 0.1 U_n$ 的时间连续超过 3s 时，自动退出 $U_1 \leqslant 90\% U_n$ 启动判据。

2）50ms 内直流功率变化值超过 1%，延时 5ms 启动，要求动作值误差不大于 5%。

（2）外部启动量，包括：

1）换流变充电，立即启动。

2）直流系统解锁或者闭锁，立即启动。

3）控制系统切换，立即启动。

4）移相、跳换流变进线开关、投旁通对，立即启动。

5）直流线路再启动，直流功率回降，立即启动。

6）本站直流保护报警/跳闸，立即启动。

7）对站直流保护动作，立即启动。

（3）手动启动，包括：

1）模拟从运行人员工作站手动启动，应可靠启动录波。

2）模拟从保护子站手动启动，应可靠启动录波。

5. 直流故障录波器装置对时钟同步功能的要求有哪些？

答： 直流故障录波装置与卫星时钟设备主时钟实现时钟同步，绝对误差不大于 1ms；如失去与卫星时钟设备的联系，装置输出"时钟未同步"接点信号，装置时钟与卫星时钟设备主时钟误差在 24h 内不超过 ±1s。

6. 电力系统事故分析中故障录波器的功能有哪些？

答： 按照电力系统发生故障的不同情况，对应于录波器的作用主要体现在：

（1）系统发生故障，保护动作正确。利用故障录波器记录下来的电流、电压量对故障线路进行测距，同时给出能否强送的依据。

（2）电力系统元件发生不明原因跳闸。利用故障录波器记录下来的电流电压量判断出是否无故障跳闸。

（3）继电保护装置有不正确动作行为：① 继电保护装置误动造成无故障跳闸；② 系统有故障但保护装置拒动；③ 系统有故障但保护动作行为不符合预先设计。利用故障录波器记录下来的保护动作事件量和开关副接点状态信息找出保护不正确动作的原因，必要时通过计算工具进行模拟计算分析。

7. 简述暂态录波数据记录方式。

答： 数据记录采用 A-B-C 段方式，A、B、C 段全部采用采样值记录，如图 5-2 所示。

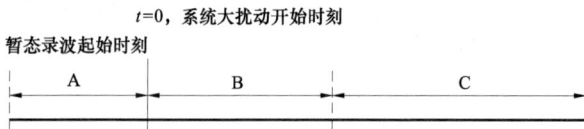

图 5-2　A-B-C 段数据记录方式

A 段：系统大扰动开始前的数据，记录时间为 40～1000ms，采样率最高为 10000Hz。

B 段：系统大扰动后初期的数据，记录时间为 400ms～10s，采样率与 A 段相同。

C 段：系统大扰动后中后期数据，记录时间最大为 30s，采样率固定为 1000Hz。

8. 故障录波器各种故障情况下的波形有何特征？

答：（1）单相接地故障录波图要点：

1）一相电流增大，一相电压降低；出现零序电流、零序电压。

2）电流增大、电压降低为同一相别。

3）零序电流相位与故障相电流同向，零序电压与故障相电压反向。

（2）两相短路故障录波图要点：

1）两相电流增大，两相电压降低；没有零序电流、零序电压。

2）电流增大、电压降低为相同两个相别。

3）两个故障相电流基本反向。

（3）两相接地短路故障录波图要点：

1）两相电流增大，两相电压降低；出现零序电流、零序电压。

2）电流增大、电压降低为相同两个相别。

3）零序电流向量为位于故障两相电流间。

（4）三相短路故障录波图要点：

三相电流增大，三相电压降低；没有零序电流、零序电压。

9. 根据故障录波图能够获得的信息有哪些?

答：根据故障录波图能够获得的信息有：

（1）发生故障的电气元件和故障类型。

（2）保护动作时间和故障切除时间。

（3）故障电流和故障电压。

（4）重合时间以及是否重合成功。

（5）详细的保护动作情况。

（6）附属功能（测距、阻抗轨迹、相量以及谐波分析等）。

10. 故障录波器参数配置原则是什么?

答：（1）模拟量和开关量之比为 1:3 或 1:4 配置，以保证有足够的通道接入开关量。

（2）必须接入录波器的开关量有：

1）按相接入每个开关的辅助接点，设置为在开关由闭合变为分闸时启动录波器。

2）直接作用于跳闸线圈的保护装置的跳闸出口接点，有分相出口的要按相接入。

3）有关的告警信息：高频保护的收、发信信号，DTT 信号，差动保护的通道告警信号，保护装置故障信号、失电信号，TV/TA 断线信号。

4）主变压器的非电气量保护仅接入能够跳闸的信号，而大量的告警信号不需要接入。

11. 电网线路或元件发生故障后故障录波器应该报出的信息有哪些?

答:(1)单相故障。发生单相故障时,故障录波器应该报出的信息有:两套主保护的单相跳闸信号、两套后备保护动作信号、差动动作信号、收信/发信信号、重合闸动作信号。

(2)两相及以上故障。发生两相及以上故障时,故障录波器应该报出的信息有:两套主保护的三相跳闸信号、两套后备保护动作信号、差动动作信号、收信/发信信号。

12. 当故障录波器频繁启动录波时,试分析原因及提出解决措施。

答:(1)可能的故障原因:定值设置不合理。

(2)故障排除的操作步骤:

1)在主界面下部的"最近录波"列表中,仔细查看每个录波数据的启动原因。

2)根据启动原因,向录波装置管理部门汇报相关情况,并申请适当的调整对应的定值。如果需要修改定值,且装置长期处于录波状态,必须首先在"调试"菜单选择"禁止录波",装置自动停止录波 5min,在此段时间内修改完定值。5min 后定值自动恢复启用,或执行菜单"允许录波"。

13. 简述变电站录波器的配置原则。

答:(1)500kV 录波器原则上按串配置录波器。每台录波器标配容量宜为 48 路模拟量(其中交流电压量 12 路,直流电压量 8 路,交流电流量 28 路)、96 路开关量。最大不超过 64 路模拟量,128 路开关量。

(2)主变压器单独配置故障录波器。每台录波器标配容量宜为 64 路模拟量(其中交流电压量 24 路,直流电压量 8 路,电流量 32 路)、128 路开关量。

（3）220kV 录波器，每台录波器录制线路（含母联、分段、旁路）不宜超过 6 条。每台录波器标配容量宜为 64 路模拟量（其中交流电压量 16 路，直流电压量 8 路，交流电流量 40 路）、128 路开关量。

14. 智能变电站录波器与综合自动化变电站录波器有何区别？

答：智能变电站录波器与综合自动化变电站录波器的区别如表 5–2 所示，分别在信息采集方式、建立配置文件方式、录波器功能、暂态文件分析等方面进行比较。

表 5–2　智能变电站录波器与综合自动化变电站录波器的区别

项　目	智能变电站	综合自动化变电站
信息采集方式	光纤	电联系
建立配置文件方式	基于 SCD 文件	基于实际电缆接线
录波器功能	除传统录波器功能外，还配置图画面监视相关网络状态	实时监视、暂态录波故障分析
暂态文件分析	500kV 线路电流需使用软件后期合成	因接线方式部分电流直接为线电流

15. 继电保护和故障录波信息系统使用什么样的安全防护策略？

答：（1）继电保护和故障录波信息系统放在安全区Ⅱ，其中实现远方改定值和投退保护等功能的保护设置工作站必须放在安全区Ⅰ。

（2）根据安全防护总体框架，保护设置工作站通过调度数据网的实时 VPN 实现远程网络通信；继电保护和故障录波信息系统通过调度数据网的非实时 VPN 实现远程网络通信。

（3）厂站端的故障录波器与其他业务系统通过直接连接的方式，由于这种的串口方式连接时，该连接为非网络方式，框架在此暂不考虑由此非网络连接引入的网络安全风险。

四、网络分析仪

1. 网络报文分析装置上电后，为确保装置正常运行，运行维护人员应注意检查哪些项目？

答：网络报文分析装置上电后，运行维护人员应注意检查的项目有：

（1）检查报文记录单元是否运行正常（面板"运行"和"握手"灯闪烁）。

（2）检查管理单元是否运行正常（如操作系统正常启动并且录波主程序可以启动）。

（3）如有交换机，则检查其是否工作正常（已连接的物理连接灯亮）。

（4）检查管理单元与记录单元和录波单元网络物理连接是否正常（可以 Ping 通）。

（5）检查各个采集板卡是否工作正常。

2. 简述网络报文分析装置实时告警功能。

答：（1）实时告警的内容包括流量突变、通信中断、通信超时、报文编码错误、丢包、错序、重复、MU 之间失步、MU 丢失同步信号、采样值品质改变、GOOSE 状态改变、报文与配置不一致等。

（2）当装置诊断到网络上的异常时，会立即给出列表挂牌形式的事件告警简报，简报内容包括通信端口、产生异常事件的对象、异常事件描述、异常事件发生时间等。用鼠标双击该列表条目，可以直接调取发生该事件的时间前后的关联报文进行更详细的数据分析、更准确的定位异常。

3. 网络报文分析装置应对智能变电站内哪些状态实现分析功能？

答：网络报文分析装置应具备对全站各种网络报文（快速报文、中速报文、低速报文、原始数据报文、文件传输功能报文、时间同步报文、访问控制命令报文等）进行实时监视、捕捉、分析、存储和统计功能，装置应具备变电站网络通信状态在线监视和状态评估的功能。装置宜具备将报文解析还原为电力系统故障波形和动作行为记录的功能，宜具备记录电力系统故障波形和动作行为的功能。

4.《智能变电站网络报文记录及分析装置技术条件》中对网络报文分析装置所记录数据的要求有哪些？

答：（1）装置所记录的数据应真实、可靠，并具有足够的安全性。

（2）不应因供电电源中断等偶然因素丢失已记录数据。

（3）按装置上任意一个开关或按键不应丢失或抹去已记录的数据。

5.《智能变电站网络报文记录及分析装置技术条件》中对网络报文分析装置电源的安全要求有哪些？

答：网络报文分析装置电源应满足：

（1）交流电源。

1）额定电压：单相 220V，允许偏差−15%～+10%。

2）频率：50Hz，允许偏差±0.5Hz。

3）波形：正弦，波形畸变不大于 5%。

（2）直流电源。

1）额定电压：220V（110V），允许偏差−20%～+15%。

2）波形系数：≤5%。

（3）功率消耗：当正常工作时，宜不大于 100W。

6. 网络报文分析装置数据记录应满足哪些要求？

答：装置应能连续记录报文，数据记录应满足以下要求：

（1）SV、GOOSE、MMS 报文连续记录应大于或等于 3 天。

（2）报文异常事件记录应大于或等于 1000 条。

（3）记录数据的分辨率应小于或等于 1μs。

（4）文件格式为 PCAP 格式。

7. 电力系统实时监视及分析功能要求网络报文分析装置如何实现？

答：网络报文分析装置对电力系统的监视及分析功能通过以下方式实现：

（1）装置宜具备实时监视电力系统数据，如有效值、相角、频率、有功功率、无功功率、功率因数、差流、阻抗等当前值及开关量当前状态的功能。

（2）装置宜能够对以下异常进行实时分析：电压突变、电压越限、负序电压越限、零序电压越限、二次谐波电压越限、三次谐波电压越限、五次谐波电压越限、7 次谐波电压越限、电流突变、电流越限、负序电流越限、零序电流越限、频率越限、频率变化率、开关量变位等，并给出相应的告警信息。

8. 验收时对网络报文分析装置的主要功能及技术性能做哪些检查？

答：（1）SCD 文件导入功能检查。

（2）采样值报文实时监视及分析检查。

（3）GOOSE 报文实时监视及分析检查。

（4）IEC 61588 报文实时监视及分析检查。

（5）流量突变和网络风暴实时监视及分析检查。

（6）MMS 报文实时监视及分析检查。

（7）离线分析功能检查。

（8）数据接入性能检查。

（9）数据记录性能检查。

9. 智能变电站网络报文分析装置的配置原则是什么？

答：（1）对于 220kV 及以上变电站，宜按电压等级和网络配置网络报文记录分析装置，当 SV 或 GOOSE 接入量较多时，单个网络可配置多台装置。每台网络报文记录分析装置不应跨接双重化的两个网络。

（2）网络报文记录分析装置应能记录所有 SV、过程层 GOOSE 网络信息。

（3）网络报文记录分析装置对应的 SV 网络、GOOSE 网络、MMS 网络的接口，应采用相互独立的数据接口控制器。

（4）采样值传输可采用网络方式或点对点方式，当通过网络方式接收 SV 报文时，网络报文记录分析装置每个百兆接口接入合并单元的数量不宜超过 5 台。

10. 网络报文监测终端的报文存储应满足哪些要求？

答： 网络报文记录分析装置由多台网络报文监测终端、一套网络数据管理机以及网络通信设备组成。

网络报文监测终端具有原始报文存储功能，记录原始报文宜采用装置内就地存储，SV 至少可以连续记录 24h，GOOSE、MMS 至少可以连续记录 14 天，存储方式采用双存储器按小时交替存储。

11. 网络报文记录分析装置能否监视二次回路？如何监视？

答： 网络报文管理机具有二次回路监视功能。

（1）监视二次回路运行状态：以传统二次回路形式展示"虚端子"连接情况，实时监视其运行状态。

（2）二次回路异常告警：对错误信号、信号丢失以及信号异常等进行告警，并能同时显示异常点等相关信息。

（3）监视采样回路运行状态：对各采样值信号的完整性，频率、数据有效性以及幅值同步信息等进行分析，对异常情况进行实时告警。

五、其他设备（远动装置、交换机、测控装置、GPS）

1. VQC 调节方式有哪些？

答： 电压无功控制（VQC）能适用于不同接线方式下多种运行方式的电压、无功调节，有多种调节方式，具体分为：0—只调电压；1—只调无功；2—电压优先；3—无功优先；4—电压和无功同等。既可按无功和电压来调节，又可按功率因数和电压来调节。

2. VQC 闭锁方式有哪些?

答：VQC 的闭锁分为 3 种。

第 1 种是闭锁主变压器的调挡，包括日升降次数闭锁、主变压器遥信 1 闭锁、主变压器遥信 2 闭锁、主变压器拒动闭锁、过载闭锁、挡位异常闭锁、开关位置异常闭锁。

第 2 种是闭锁电容的投切，包括电容遥信 1 闭锁、电容遥信 2 闭锁、投切次数闭锁。

第 3 种是闭锁相应的 VQC 模块，包括高低压侧的过电压和低电压闭锁、无功过高和过低闭锁。

3. 远动装置有哪些复位方式?

答：远动装置的复位方式主要包括上电复位、按键复位、低电压复位、看门狗、指令复位等。

4. 干扰对远动装置的影响有哪些? 有哪些对策可以防止干扰?

答：（1）远动装置的硬件结构中有数字部件也有模拟部件。数字电路受到干扰往往造成数据或地址传送错误，从而导致远动装置运行或功能障碍；模拟电路受到干扰不仅使遥测精度下降，还可能使遥信误检测，甚至造成遥控误操作。严重的干扰还会引起程序运行出轨而死机，甚至造成元件和装置损坏。

（2）为防止干扰进入远动装置可以采取以下措施：

1）装置外壳及内部的接地处理。

2）屏蔽与隔离。

3）滤波，退耦，提供旁路。

4）对供电电源的要求。

5. 远动装置子站与主站信息传送的优先级和传送时间有何要求?

答：远动装置子站与主站信息传送分为上行和下行两种：

（1）上行（子站至主站）信息的优先级排列顺序和传送时间要求如下：

1）对时的子站时钟返回信息插入传送。

2）变位遥信、子站工作状态变化信息插入传送，要求在 1s内送到主站。

3）遥控、升降命令的返送校核信息插入传送。

4）重要遥测安排在 A 帧传送，循环时间不大于 3s。

5）次要遥测安排在 B 帧传送，循环时间一般不大于 6s。

6）一般遥测安排在 C 帧传送，循环时间一般不大于 20s。

7）遥信状态信息，包含子站工作状态信息，安排在 D1 帧定时传送。

8）电能脉冲计数值安排在 D2 帧定时传送。

9）事件顺序记录安排在 E 帧以帧插入方式传送。

（2）下行（主站至子站）命令的优先级排列如下：

1）召唤子站时钟，设置子站时钟校正值，设置子站时钟。

2）遥控选择、执行、撤销命令，升降选择、执行、撤销命令，设定命令。

3）广播命令。

4）复归命令。

5）帧传送的遥信状态、电能脉冲计数值是慢变化量，以几分钟至几十分钟循环传送。

6）帧传送的事件顺序记录是随机量，同一个事件顺序记录应分别在三个 E 帧内重复传送。

7）变位遥信和遥控、升降命令的返校信息以信息字为单位优先插入传送，连送 3 遍。对时的时钟信息字也优先插入传送，并附传送等待时间，但只送一遍。

6. 遥信信息如何采集？提高遥信信息可靠性的措施有哪些？

答：（1）遥信信息通常由电力设备的辅助接点提供，辅助接点的开合直接反映出该设备的工作状态。

（2）提高遥信信息可靠性的措施可以从硬件和软件两个方面

保证。硬件方面首先要保证强电系统和弱电系统的信号隔离，还可以并入适当容量的电容以消除或削弱高频干扰；在软件方面不能以一次读取的遥信状态为准，必须连续多次读取状态，保证遥信信息的准确性和可靠性。

7. 简述交换机网络风暴的危害及抑制措施。

答：（1）由于网络拓扑设计和连接问题，导致广播、组播或未知单播在网络中大量复制，传播数据帧，使通信网络性能下降，造成网络瘫痪。

（2）网络风暴对变电站、配电网通信网络影响很大，交换机应支持广播风暴抑制、组播风暴抑制和未知单播风暴抑制功能。

8. 以太网交换机的安全威胁主要来自哪些方面？

答：《以太网交换机设备安全技术要求》将以太网交换机在逻辑上可以划分为数据平面、控制平面、管理平面三个功能平面。

（1）数据平面的安全威胁主要来自以下方面：

1）对数据流进行流量分析，从而获得敏感信息。

2）未授权观察、修改、插入、删除数据流。

3）拒绝服务攻击，降低设备的转发性能。

（2）控制平面的安全威胁主要来自以下方面：

1）对协议流进行探测或者流量分析，从而获得转发路径信息。

2）获得设备服务的控制权，暴露转发路径信息，包括将转发路径信息暴露给非授权设备，一个 VPN 转发路径暴露给另一个 VPN 等。

3）非法设备进行身份哄骗。

（3）管理平面的安全威胁主要来自以下方面：

1）对数据流进行流量分析，从而获得设备有关的系统配置信息。

2）未授权观察、修改、插入、删除数据流。

3）未授权访问管理接口，控制整个设备。

4）利用管理信息流实施拒绝服务攻击。

5）利用协议流实施的拒绝服务攻击。

9. 控制和操作闭锁功能有哪些?

答：操作人员通过 CRT 屏幕对断路器、隔离开关、变压器分接头、电容器组投切进行远方操作。为了防止系统故障时无法操作被控设备，在系统设计时应保留人工直接跳合闸手段。断路器操作应具有以下内容：电脑"五防"及闭锁系统；根据实时状态信息，自动实现断路器、刀闸的操作闭锁功能；操作出口应具有同时操作闭锁功能；操作出口应具有跳合闭锁功能。

10. 智能变电站测控装置与其他二次设备的网络通信介质应满足哪些要求?

答：根据《智能变电站测控单元技术规范》，网络通信介质宜采用多模 1310nm 型光纤或屏蔽双绞线，接口宜统一采用 ST 光纤接口以及 RJ–45 电接口。

11. 测控装置告警信息的采集应满足哪些要求?

答：（1）装置应具有在线自动检测功能，并能输出装置本身的自检信息报文，与自动化系统状态监测接口。

（2）装置应能发出装置异常信号、装置电源消失信号、装置出口动作信号、其中装置电源消失信号应能输出相应的报警触点。装置异常及电源消失信号在装置面板上宜直接有 LED 指示灯显示。

（3）装置的主要动作信号和事件报告，在失去直流工作电源的情况下不能丢失。在电源恢复正常后，应能重新正确显示并输出。

12. 国家电网公司对测控装置采集信息响应时间有哪些要求?

答：（1）遥信变化响应时间：<1s。

（2）遥测变化响应时间：<2s。

（3）遥控变化响应时间：<1s。

13. 测控装置的检验通常需要查看哪些项目？

答：（1）型号、软件版本及校验码检查。

（2）外观及接线检查。

（3）绝缘检验。

（4）装置上电自检及对时功能检查。

（5）遥测校验，包括电流、电压、功率、频率等。

（6）遥信校验。

（7）遥控校验，包括开关和刀闸的远方遥控、就地遥控、主变压器分接头升降停。

14. 要求时间统一的电力二次设备有哪些？

答：要求时间统一的电力二次设备有：

（1）调度自动化系统、配电网自动化系统、通信网监测系统、通信网管、用电负荷管理系统、电力市场运营系统、调度录音电话、行政电话交换网计费系统、电能量计量系统、各类管理信息系统（MIS）等。

（2）发电厂监控系统、变电站自动化系统、微机保护装置、故障录波器、安全自动装置、功角测量装置、线路故障行波测距装置、雷电定位系统等。

15. 建立全网时钟同步系统的要求有哪些？有什么作用？

答：（1）建立基于国、网、省、市、县五级主时钟的时间同步系统，实现全电网范围内所有变电站有关二次设备的时间同步。

在国家电网公司中心机房设立基准主时钟（GPS＋铷钟），作为国家电网公司的时间基准。主时钟采用冗余配置，输入两路GPS。

在区域电网公司中心机房设立基准主时钟（GPS＋铷钟），作为整个区域电网的时间基准。主时钟采用冗余配置，输入两路GPS，同时预留一路接收上级时间网提供的同步信号，要求能根据上级时间网的传输模式选择不同的输入功能模块。

在省级电网公司中心机房设立基准主时钟（GPS＋铷钟），作为整个省级电网的时间基准。主时钟采用冗余配置，输入两路

GPS，同时预留一路接收上级时间网提供的同步信号，要求能根据上级时间网的传输模式选择不同的输入功能模块。

在各市供电公司设立主时钟（GPS＋铷钟），作为各市 330kV 及以上变电站、直收发电厂的时间基准。主时钟采用冗余配置，输入两路 GPS，一路 DCLS（省调基准主时钟时间信号），GPS 和 DCLS 输入可设置主、备用。

在各县供电公司设立主时钟（GPS），主时钟输入一路 GPS，一路 DCLS（市调主时钟时间信号），GPS 和 DCLS 两路输入可设置主、备用。

（2）全网时间同步系统为各种以计算机技术和通信技术为基础的电力二次设备提供了统一的全网时间基准，为发生事故后掌握实时信息，及时决策处理奠定了基础，有助于电网事故原因的分析和判断。

16. 时间同步信号传输通道有哪几种？简述每种通道的特性。

答： 时间信号传输通道应保证主时钟发出的时间信号传输到用户设备时能满足用户设备对时间信号质量的要求，一般可在下列几种通道中选用。

（1）同轴电缆。用于高质量地传输 TTL 电平信号，如 1pps、1ppm、1pph 和 IRIG–B（DC）码 TTL 电平信号等，传输距离小于等于 15m，输出阻抗 50Ω。

（2）屏蔽控制电缆。用于传输静态空接点脉冲信号，传输距离小于或等于 150m。用于在保护室内传输 RS–232 接口信号，传输距离小于或等于 15m。用于在保护室内传输 RS–422、RS–485 接口信号，传输距离小于或等于 150m。

（3）音频通信电缆。用于传输 IRIG–B（AC）信号，传输距离小于或等于 1000m。

（4）光纤。用于远距离传输各种时间信号和需要高精度对时的场合。光纤连接器宜采用多模 820nm，ST 型。亮对应高电平，灭对应低电平，由灭转亮的跳变对应准时沿。

第六章 直流回路安全

1. 厂站直流系统的馈出网络应采用什么供电方式？

答：变电站、发电厂升压站直流系统的馈出网络应采用辐射状供电方式，严禁采用环状供电方式。

直流系统的馈出接线方式应采用辐射供电方式，而不采用非辐射供电方式（如环路供电），是为了保证直流系统两段母线相互独立运行，避免互相干扰，以保障上、下级开关的级差配合，提高直流系统供电可靠性。例如，采用环路供电时，当一段母线或馈出接地时，两段母线绝缘监察装置都会出现接地信号，使查找接地点很困难。另外，采用环路供电也会导致操作某直流设备时引起其他设备误动。

2. 变电站直流系统对负荷供电应采用什么方式？

答：变电站直流系统对负荷供电，应按电压等级设置直流分屏供电方式，不应采用直流小母线供电方式。具体对负荷供电方式，例如继电保护室内负荷，应按一次设备的电压等级配置直流分屏，如 500/220kV 等级，或 330/110kV 等级，分别高/低电压，馈出屏接各自直流分屏，再接负荷屏。保护屏顶小母线的供电方式应淘汰。这样接线的优点：如果负荷处电源开关下口出现故障，仅跳负荷断路器，或者最多跳分屏对这一路输出的断路器，避免了直流小母线负荷断路器下口故障。由于小母线总进线断路器，很难实现与下级负荷断路器的级差配合而误动，造成停电范围扩大。另外由于直流小母线往往在保护柜顶布置，接线复杂，连接点多，其裸露部分易造成误碰或接地故障。35、10kV 开关柜现有采用直流小母线方式供电，应改造为直流分屏供电方式，以避免由于当负荷开关下口故障，造成小母线总进线开关无法应对级差配合而误动，扩大停电范围。环状供电方式，对稳定运行危害很大，尤其是当两段母线都出现接地时，很容易由于接地环流的影响，造成重要用电设备如开关误动。

3. 直流系统应采用什么断路器？为什么？

答：新、扩建或改造的直流系统用断路器应采用具有自动脱扣功能的直流断路器，严禁使用普通交流断路器。

直流专用断路器在断开回路时，其灭弧室能产生与电流方向垂直的横向磁场（容量较小的直流断路器可外加一辅助永久磁铁，产生一横向磁场），将直流电弧拉断。普通交流断路器应用在直流回路中，存在很大的危险性，其在断开回路中不能遮断直流电流（包括正常负荷电流和故障电流）。这主要是由于普通交流断路器的灭弧机理是靠交流电流自然过零而灭弧的，而直流电流没有自然过零过程，因此，普通交流断路器不能熄灭直流电流电弧。当普通交流断路器遮断不了直流负荷电流时，容易将使断路器烧损，当遮断不了故障电流时，会使电缆和蓄电池组着火，引起火灾。

4. 交流 220V 窜入直流 220V 回路可能带来什么危害？

答：交流 220V 系统是接地系统，直流 220V 是不接地系统。一旦交流系统窜入直流系统，一方面将造成直流系统接地，可导致上述的保护误动作或断路器误跳闸。另一方面，交流系统的电源还将通过长电缆的分布电容启动相应的中间继电器，该继电器即使动作电压满足反事故措施所规定的不低于 $65\%U_N$ 的要求，仍会以 50Hz 或 100Hz 的频率抖动，误出口跳闸。其中第二种现象常见于主变压器非电气量保护、发电厂热工系统保护等经长电缆引入启动中间继电器的情况。如果该中间继电器的动作时间长于 10ms，则可有效地防止在交流侵入直流系统时的误动作。

5. 如何防止交流窜入直流？

答：雨季前，加强现场端子箱、机构箱封堵措施的巡视，及时消除封堵不严和封堵设施脱落缺陷。现场端子箱、机构箱漏水可能会导致端子排绝缘降低、端子间短路情况，从而导致操动机构误动作和交流窜入直流故障的发生，因此应严防现场端子箱、机构箱漏水。

现场端子箱不应交、直流混装，现场机构箱内应避免交、直流接线出现在同一段或串端子排上，交、直流电缆不能并排架设。交、直流电源端子中间没有隔离措施，混合使用，容易造成检修、试验人员由于操作失误导致交直流短接，导致交流电源混入直流系统，进而发生发电机组、发电厂升压站线路继电保护动作，导致全厂停电事故。因此，电源端子设计时，交、直流电源端子应在端子排的不同区域，应具有明显的区分标志，电源端子之间要有隔离。由于目前所了解到的交流窜入直流引发的事故，多是在检修或试验中发生的，因此，应加强检修、试验管理。

新建或改造的变电站，直流电源系统绝缘监测装置，应具备交流窜直流故障的测量、记录和报警功能。原有的直流电源系统绝缘监测装置，应逐步进行改造，使其具备交流窜直流故障的测量、记录和报警功能。在两段直流母线对地应各安装一台电压记录（录波）装置，当出现交流窜直流现象时，能够及时录波、报警，为现场分析故障提供第一手可靠的分析依据。

6. 变电站直流接地有哪些危害?

答：直流接地有以下危害：

（1）直流系统两点接地可能造成保护装置及二次设备误动。

（2）直流系统两点接地可能使得保护装置及二次设备在系统发生故障时拒动。

（3）直流系统正、负极间短路可能使得直流熔断器熔断。

（4）由于近年生产的保护装置灵敏度较高，当控制电缆较长时，若直流系统一点接地，亦可能造成保护装置的不正确动作，特别是当交流系统也发生接地故障时，则可能对保护装置形成干扰，严重时会导致保护装置误动作。

（5）对于某些动作电压较低的断路器，当其跳（合）闸线圈前一点接地时，有可能造成断路器误跳（合）闸。

7. 什么情况下直流一点接地可能造成保护误动或断路器跳闸?

答: 直流系统所接电缆正、负极对地存在电容, 直流系统所供静态保护装置的直流电源的抗干扰电容, 两者之和构成了直流系统两极对地的综合电容。对于大型变电站、发电厂直流系统, 该电容量是不可忽视的。在直流系统某些部位发生一点接地, 保护出口中间继电器线圈、断路器跳闸线圈与上述电容通过大地可形成回路, 如果保护出口中间继电器的动作电压低于反事故措施所要求的 $65\%U_N$, 或电容放电电流大于断路器跳闸电流, 就会造成保护误动作或断路器跳闸。

8. 查找直流接地的操作步骤和注意事项有哪些?

答: 根据运行方式、操作情况、气候影响判断可能接地的处所, 采取拉路寻找、分段处理的方法, 以先信号和照明部分、后操作部分, 先室外部分、后室内部分为原则。在切断各专用直流回路时, 切断时间不得超过 3s, 不论回路接地与否均应合上。当发现某一专用直流回路有接地时, 应及时找出接地点, 尽快消除。

查找直流接地的注意事项如下:

(1) 查找接地点禁止使用灯泡寻找的方法。

(2) 用仪表检查时, 所用仪表的内阻不应低于 $2000\Omega/V$。

(3) 当直流发生接地时, 禁止在二次回路上工作。

(4) 处理时不得造成直流短路和另一点接地。

(5) 查找和处理必须有两人同时进行。

(6) 拉路前应采取必要措施, 以防止直流失电可能引起保护及自动装置的误动。

9. 为什么交、直流回路不能共用一根电缆?

答: 交、直流回路都是独立系统, 直流回路是不接地系统而交流回路是接地系统, 若共用一条电缆, 两者之间一旦发生短路就造成直流接地, 同时影响了交、直流两个系统。也容易互相干扰, 还有可能降低对直流回路的绝缘电阻, 所以交、直流回路不能共用一条电缆。

第七章　事　故　案　例

一、保护配置不合理、定值计算考虑不周全造成保护误动

1. 事故分析

500kV 某变电站的主接线形式为 3/2 断路器接线，如图 7-1 所示，其中第二串为变压器不完整串，4 月 11 日 21 时 29 分，该站的 5023 断路器 A 相电流互感器绝缘击穿，2 号变压器差动保护正确动作跳闸。与此同时，该站一条 500kV 线路对端的相电流速断保护误动，造成线路一侧单相掉闸，重合成功。

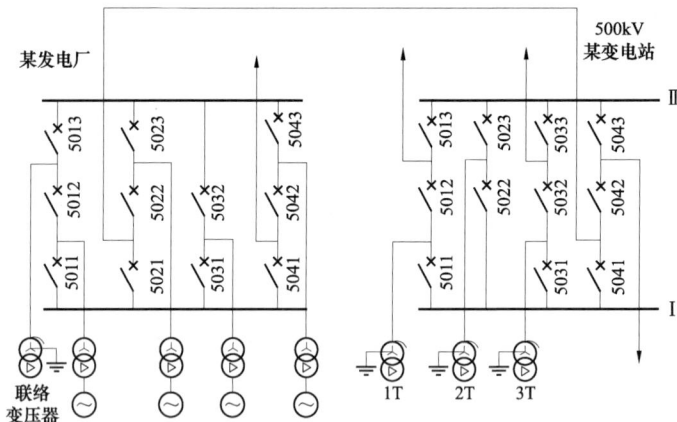

图 7-1　系统接线、误动的断路器及故障点

线路对端的某电厂升压站亦为 3/2 断路器接线，误动的相电流速断保护为线路纵联距离保护中的辅助保护，1991 年该站投产时，线路所在间隔仅配置了一套专用的短引线保护，为满足 500kV 保护双重化配置，另一套短引线保护则利用线路纵联保护中的相电流速断保护兼作短引线保护。此种配置方案很不理想：作为相电流

速断保护，其定值应能躲过区外故障，而作为短引线保护，则定值应满足灵敏度要求，两者的功能是矛盾的，欲保证引线故障有一定灵敏度，则必然影响到相电流速断保护选择性。线路投产初期，背后电源较小，矛盾不太突出，定值勉强能做到兼顾。随着线路背后电源的不断增大，保护装置的改造工作又没有跟上，相电流速断保护的选择性与短引线保护灵敏度便难以兼顾。整定计算人员在进行定值计算时，对二者之间所存在的矛盾未做充分考虑，定值选取略大（为保证引线故障时的灵敏度）。此次故障为线路反向出口故障，电流大于电厂侧相电流速断保护的整定值，从而造成越级误动跳闸。

2. 整改措施

（1）立即停用相电流速断保护，为该厂及存在同样问题的厂、站配置专用的短引线保护。

（2）组织整定计算人员重新认真学习有关规程，提高技术素质和业务水平，并进一步规范定值管理工作。

（3）对全网遗留问题进行清查（包括已向领导备案的问题），对不符合规程要求的定值，立刻进行纠正。

（4）加强设备管理工作，对不满足系统安全运行的保护装置，及时组织更换、改造。

3. 经验教训

此次事故，虽因重合成功，没有造成损失，但是却暴露出专业管理、定值计算和保护配置等方面存在的问题。线路投产初期，由于各种因素的制约，配置的进口保护设备不满足要求，保护配置先天不足，因而采取了替代方案，当时对替代方案所存在的问题也曾进行论证。随着科研、生产的发展，国产短引线保护已能满足要求，国内的 500kV 工程也已大量采用，取得了一定的运行经验，但保护装置不适应电网安全稳定需要的问题却没引起足够的重视，最终发生事故。通过这起事故应该认识到：继电保护能否发挥应有的作用，合理的配置是关键因素之一，当由于条件不具备而采用临时方案时，必须认真论证，在条件具备时，应立即抓紧对设备进行改造，不留隐患。继电保护定值计算工作同样是保证保护装置正确动作的关键，当系统结构、参数发生变化时，必须对运行中的相关设备定值进行认真校核计算，对不满足规程要求的部分，及时进行调整或进行保护改造。

二、电缆沟铜排未接地造成纵联保护误动

图 7-2 所示系统中，110kV 甲站出线发生 A 相接地故障，220kV 线路两侧纵联距离零序保护中，纵联零序方向动作，跳开两侧断路器，经延时两侧重合闸重合成功。

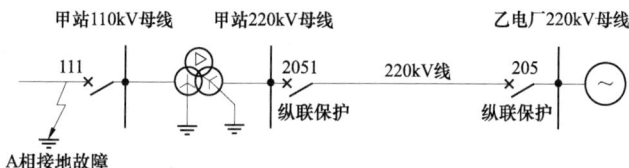

图 7-2　电力系统接线图

通过分析两侧装置动作报告发现：由于乙电厂侧纵联距离零序装置在故障时未能收到甲站侧纵联距离零序保护发出的闭锁信号，导致两侧纵联保护在故障时发生后先后动作。

下面分析两侧纵联距离保护动作时序。

18 时 21 分 44 秒，10kV 出线发生 A 相接地故障。因故障点在甲侧 2051 断路器的背后，线路 2051 断路器的纵联保护启动后发信触点动作（约 110ms 后返回），由于 220kV 线路甲侧收发信机故障，未能向对侧发出闭锁信号。而此时乙侧零序电流二次值已达 1.4A（大于零序方向过电流定值 1.25A），且未收到对侧闭锁信号，乙侧"纵联零序方向"于启动后 48ms 动作，发出 A 相跳闸令。

随着 110kV 出线 111 断路器和乙侧 205 断路器的动作，220kV 线路形成了实际上的非全相运行。由于开断点在甲侧 2051 保护的正方向上，即在乙侧 205 断路器发生了 A 相断线的纵向故障，且此时甲侧零序电流二次值已达到 0.83A（大于零序方向过电流定值

0.8A），使得甲侧 2051 断路器的"纵联零序方向"于启动后 150ms
动作，发出 A 相跳闸令。

三、电流互感器二次回路接线不正确引起变压器差动保护误动

1. 二次回路接线

某变电站的变压器差动保护和后备保护均使用套管电流互感器，该互感器具有抽头，变比分别为 1200/5、600/5。变压器差动保护和后备保护均选用 1200/5。但因接线错误，将两组 600/5 的二次回路抽头端子连接在一起了，如图 7-3 所示。正常运行时，差动保护用互感器接地点与后备保护用接地点基本上是等电位，图中 $\Delta U=0$，两互感器 600/5 抽头对地电位相等，对运行系统没有影响。

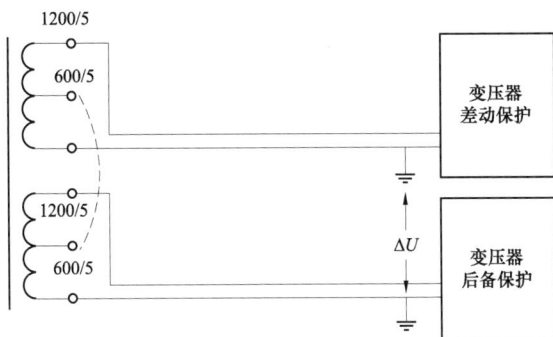

图 7-3　电流回路接线示意图

2. 故障情况

在该站母线发生接地故障时，地网上流过故障电流，使两组互感器的接地点产生了电位差，$\Delta U \neq 0$，两个互感器 600/5 的二次抽头端子间产生了电压，导致变压器差动保护在区外故障时出现差电流，造成了变压器差动保护误动。

3. 变压器差动保护误动分析

当母线对地发生接地故障时，接地电流可经故障点、接地网、

接地变压器中性点、系统成回路流动，在大地上有接地电流流动，两组电流互感器的接地点之间产生了电位差ΔU，如图 7-3 所示。假设变压器差动保护与后备保护的二次回路负荷相同，则可以得出故障时变压器差动保护二次回路的等值电路，如图 7-4 所示。

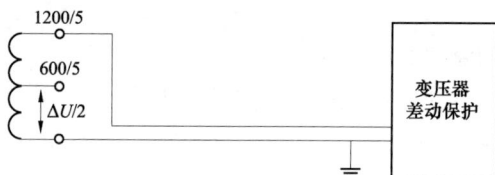

图 7-4　故障时变压器差动保护二次回路等值电路

由于电流互感器二次电流回路阻抗很小，600/5 抽头端子对地之间的电压为$\Delta U/2$，作为电压源向变压器差动绕组提供附加电流，引起了差动保护的误动。

互感器二次回路这种接线，实际上是违反了"有电联系的电流互感器不允许有两点接地"的规定。

4. 解决措施

严格执行 DL/T 995—2016《继电保护和电网安全自动装置检验规程》，进行新安装装置验收试验时，从保护屏柜的端子处，将外回路电缆全部接线断开，分别将电流、电压、直流控制、信号的所有端子各自连接在一起，用 1000V 绝缘电阻表测量绝缘电阻，其阻值均应大于10MΩ的回路如下：各回路对地；各回路相互间。

5. 事故教训

必须保证各电流回路间的绝缘合格，严防因绝缘损坏，造成有电的联系电流回路多点接地现象发生。必须重视二次回路间的绝缘问题。

四、电流互感器二次回路异常分析

1. 二次电流异常情况

某 220kV 站主变压器投运时，运行人员发现中压侧 A 相电流互感器二次电流小于其他两相电流，对应负荷电流换算，初步判为A相电流互感器回路异常，A相电流互感器用第二组绕组。

2. 异常电流互感器二次回路检查情况

在变压器端子箱处先将电流互感器相应端子内短接，然后断开端子连接片，发现从电流互感器本体来的 A 相电流比 B、C 相小。I_A 在 0.04～0.05A 之间变化，而 B、C 相电流则为 1.2A 左右。根据此数据可推论，A 相电流互感器二次回路短路的可能性很大。

两天后进一步核查，数据见表 7-1。

表 7-1　　　　　　　　　　中压侧电流测量结果

时间	I_b	I_c	I_a	I_0	I_n
14:00	0.9	0.9	0.15		
15:00	0.3	0.3	0	0.15	0.12

由以上数据推断，A 相电流互感器的绕组回路一定还有另一个接地点，即 A 相电流回路中有两个接地点分流了电流互感器的电流。猜想回路可能如图 7-5 所示。

如果猜想是正确的，将图 7-5 中 A 相的 2S1 与 2S2 互换，使这两个接地点都在零线侧，则在系统正常运行无故障时，这个异常现象就应该消失了。

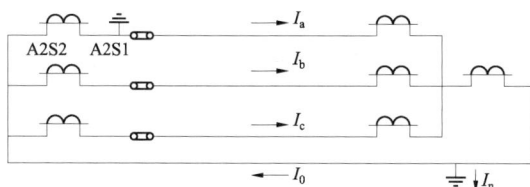

图 7-5　猜想主变压器中压侧二次回路接地图

A 相 2S1 与 2S2 互换后，测量数据见表 7-2。

表 7-2　　　中压侧 A 相 2S1 与 2S2 互换后电流测量结果

I_b	I_c	I_a 极性端	I_a 非极性端
0.34	0.34	0.19	0.09

情况非所想象，若电流互感器主体接线盒处 A 相只有一个接地点，则测量结果不应是表 7-2 中的数据。因此判定电流互感器主体必有一点接地，但不是只有一点接地。

该主变压器停电后，检修人员打开电流互感器主体接线盒，发现在接线盒进线孔护套处穿过的 14 芯电缆有 8 根绝缘损坏，其中 6 根露出导电部分，这些裸露的导线相互短路，并对地短路，形成了多点接地。

3. 形成多点接地的原因

由于在穿二次电缆时用力过大，导致其中一根导线对地短路，在短路点流过电流时，产生热量，导致周围导线进一步损坏，最终形成二次绕组多点短路并接地事故。

4. 事故处理

将烧坏的导线剪掉，更换新电缆，并对地进行绝缘测量。同时电流互感器绕组进行了拐点测量，确认正确无误后送电，三相负荷电流对称，故障得以排除。

5. 事故教训

（1）认真对待运行中出现的异常现象，可避免运行中事故的发生。

（2）在投运后要加强对接地点接地线电流的测量，以判断电流二次回路是否有两点接地现象，一般经验是小于 50mA 可认为无两点接地的情况。

五、误碰造成失灵保护误动

1. 事故简述

3 月 22 日，继电保护工作人员在某变电站的一条 220kV 线路上处理电压切换中间继电器 1KYQ 的缺陷，用正电源直接往 1KYQ 线圈上施加正电的方法，检查 1KYQ 的动作情况，错将正电源误搭到 1KYQ 的触点上，该触点恰是启动 220kV 断路器正母失灵保护时间继电器 IKS，第一时限 0.3s 误跳 220kV 母联断路器，由于搭接的时间较短，没有造成更大的误跳闸事故。

2. 原因分析

对由于工作方法不当，误将正电源搭到启动失灵保护的 1KYQ 触点上，如图 7-6 所示。

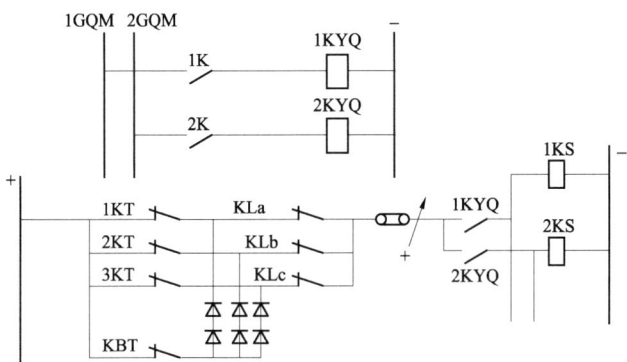

图 7-6 电压切换及失灵保护示意

3. 事故对策

在运行的继电保护装置和二次回路上工作，要严格执行现场保安规程，加强监护制度。

4. 事故教训

（1）继电保护人员过失造成的不正确动作，大多是在现场工作中怕麻烦，过于相信自己的记忆而造成的。不能单凭记忆，应严格对照图纸工作，以防止走错位置，搭错回路。

（2）在运行设备的二次回路上工作时加强监护。

六、直流系统异常引发变电站全停

1. 事故简况

（1）事故前运行方式。330kV 甲变电站（简称甲变）主接线为 3/2 断路器接线，共 6 回 330kV 出线，主变压器（简称主变）为

3 台（1、2、3 号主变）容量为 240MVA 的变压器，110kV 主接线为双母线带旁母接线。共址建设的 110kV 乙变电站（简称乙变）有 2 台 50MVA 主变（4、5 号主变）及一台 31.5MVA 移动车载变压器（6 号主变），其中 4、5 号主变接于 330kV 甲变 110kV 母线，6 号主变接于 330kV 甲变 110kV 旁母，6 号主变 10kV 母线与 4、5 号主变 10kV 母线无电气连接。

330kV 甲变 1、2、3 号主变负荷分别为 11 万、11 万、10 万 kW，110kV 乙变 4、5、6 号主变负荷分别为 1.5 万、1.5 万、1.2 万 kW。

（2）事故发生经过。6 月 18 日 0 时 25 分，距 330kV 甲变约 700m 的电缆沟道井口发生爆炸；随即，110kV 乙变 4、5 号主变及 330kV 甲变 3 号主变相继起火；最终乙变 4、5 号主变、甲变 3 号主变起火受损，甲变 1、2 号主变漏油。初步分析，因电缆沟着火、站用交流电失电、直流系统异常，导致全站保护及操作电源失效，站内保护无法正确动作，造成故障越级，最后依靠对侧变电站后备保护切除故障。

经过数小时的排查和抢修，甲变 330kV 6 回出线及 330kV Ⅰ、Ⅱ 母恢复正常运行方式。

2. 事故原因分析

（1）故障发展时序。事故中，330kV 甲变、110kV 乙变保护及故障录波器等二次设备均未动作。通过调阅甲变线路对侧相关变电站保护动作信息及故障录波数据，判定本次事故过程中故障发展时序为：18 日 0 时 25 分 10 秒，乙变 35kV ××Ⅲ线发生故障；27s 后，故障发展至 110kV 系统；132s 后，故障继续发展至甲变 330kV 系统；0 时 27 分 25 秒故障切除，持续时间共计 135s。

（2）电缆故障分析。故障电缆沟道距 330kV 甲变约 700m，型号为 1m×0.8m 砖混结构，内敷 9 条电缆，其中 35kV 3 条，分别为 ××Ⅰ、××Ⅱ 和 ××Ⅲ（××Ⅱ、××Ⅲ 为用户资产），10kV 6 条（均为用户资产）。

事故后，排查发现 110kV 乙变 35kV ××Ⅲ间隔烧损严重，其敷设沟道路面沉降，柏油层损毁，沟道内壁断裂严重，有明显着火痕迹。开挖后确认××Ⅲ电缆中间头爆裂。

综上判定，××Ⅲ电缆中间头爆炸为故障起始点，同时沟道内存在可燃气体，引发闪爆。该故障电缆型号为 ZRYJV22-35kV-3×240，2009 年投运。

（3）直流系统失压分析。

1）站用直流系统基本情况。330kV 甲变与 110kV 乙变共用一套直流系统。甲变 1、2 号站用电源分别取自乙变 10kV Ⅰ段和Ⅱ段母线，0 号站用电源取自 35kV××线。

330kV 甲变原站用直流系统采用"两电两充"模式。生产厂家为西安某公司，1999 年投运，蓄电池容量 2×300Ah-108 节；改造设备生产厂家为珠海某公司，蓄电池容量 2×500Ah-104 节。

2）直流系统改造情况。4 月 29 日完成直流Ⅰ段母线改造，6 月 1 日开始改造直流Ⅱ段母线，6 月 17 日完成两面充电屏和两组蓄电池安装投运。

3）直流母线失电分析。

① 站用交流失压原因。由于 330kV 甲变（110kV 乙变）站外 35kV××Ⅲ线故障，乙变 35、10kV 母线电压降低，1、2、0 号站用变压器低压侧脱扣跳闸，直流系统失去交流电源。

② 直流系统失电原因。改造更换后的两组新蓄电池未与直流母线导通，未导通原因为该两组蓄电池至两段母线之间的刀闸在断开位置（该刀闸原用于均/浮充方式转换，改造过渡期用于新蓄电池连接直流母线），充电屏交流电源失去后，造成直流母线失压。

③ 监控系统未报警原因。蓄电池和直流母线未导通，监控系统未报警，原因为直流系统改造后，有 4 块充电（整流）模块接至直流母线，正常运行时由站用交流通过充电模块向直流母线供电。

综上所述，本次事故起因是 35kV××Ⅲ电缆中间头爆炸，同时电缆沟道内存在可燃气体，发生闪爆。事故主要原因是 330kV 甲变 1、2、0 号站用变压器因低压脱扣全部失电，蓄电池未正常连接在直流母线，全站保护及控制回路失去直流电源，造成故障越级。

3. 暴露问题

（1）现场改造组织不力。330kV 甲变直流系统改造准备工作不充分，现场勘察不细致，施工过渡方案不完善，施工、监理、运行、厂家等相关单位职责不明确，风险分析不到位，安全措施不完善。施工单位和运行单位协调配合不够，新投设备验收把关不严，运行注意事项未交代清楚。

（2）直流专业管理薄弱。站用直流技术监督不到位，直流屏改造更换后，未进行蓄电池连续供电试验，未及时发现蓄电池脱离直流母线的重大隐患。未组织运行人员对新投设备开展针对性技术培训，未及时修订现场运行规程。

（3）配电电缆需要清理规范。公司资产电缆与用户资产电缆同沟敷设，运维职责不清，日常维护不到位，缺乏有效的监测手段，设备健康状况偏低。

（4）应急联动有待进一步加强。信息报告不够及时，内部协调不够顺畅，舆情应对和用户沟通解释工作不够到位，事故初期社会公众反响较大。

4. 整改措施和建议

（1）要深刻吸取事故教训，认真开展事故反思，对各项制度、规定、措施进行全面排查、梳理、改进和完善，针对存在的问题和薄弱环节，逐一制订防范措施和整改计划，坚决堵塞安全漏洞，切实加强安全生产管理。

（2）立即开展直流系统专项隐患排查，特别要针对各电压等级变电站直流系统改造工程，全面排查整治组织管理、施工方案、现场作业中的安全隐患和薄弱环节，坚决防止直流等二次系统设备问题导致事故扩大。针对本次事故可能对接地网、二次电缆、电缆屏蔽层等造成的隐性损伤，全面进行检测，排查消除事故隐患。

（3）加强变电站改造施工安全管理，严格落实施工改造项目各方安全责任制，严格施工方案的编制、审查、批准和执行，做好施工安全技术交底。严把投产验收关，防止设备验收缺项漏项，杜绝改造工程遗留安全隐患。加强新设备技术培训，及时修订完善现场运行规程，确保符合实际，满足现场运行要求。

（4）加强配网设备管理，尤其要对用户资产的设备，加强专业指导，督促严格执行国家相关技术标准规范，防止用户设备故障影响电网安全运行。

（5）针对本次事故应急处置组织开展后评估，举一反三，采取措施，全面加强应急实战能力建设，全面提升信息报送及时性、舆情应对针对性、社会联动有效性。

（6）在确保安全的前提下，尽快完成甲变设备抢修，恢复正常运行方式。

参 考 文 献

[1] 国家电网公司. 国家电网公司电力安全工作规程（变电部分）. 北京：中国电力出版社，2014.

[2] 国家电力调度通信中心. 继电保护反措汇编. 北京：中国电力出版社，2016.

[3] 国家电力调度通信中心. 电力系统继电保护实用技术问答. 北京：中国电力出版社，2003.

[4] 刘智育，等. 电网调度自动化设备维护 1000 问. 北京：中国电力出版社，2013.

[5] 国家电力调度通信中心. 电力系统继电保护题库. 北京：中国电力出版社，2008.

[6] 国家电力调度通信中心，国网浙江省电力公司. 智能变电站继电保护题库. 北京：中国电力出版社，2014.

[7] 国家电力调度通信中心，国网浙江省电力公司. 智能变电站继电保护技术问答. 北京：中国电力出版社，2014.

[8] 曹团结，黄国方. 智能变电站继电保护技术与应用. 北京：中国电力出版社，2013.

[9] 冯军. 智能变电站原理及测试技术. 北京：中国电力出版社，2011.